馔
创美工厂

THE PEARL BOOK

THE DEFINITIVE BUYING GUIDE

4th Edition

珍珠

权威购买指南

第 四 版

[美] 安托瓦内特 · 马特林斯 著

李雯 王琳 译

中国友谊出版公司

图书在版编目（CIP）数据

珍珠 / (美) 安托瓦内特 · 马特林斯著 ；李雯，王琳译. -- 北京 ：中国友谊出版公司，2016.12

书名原文：THE PEARL BOOK

ISBN 978-7-5057-3921-5

Ⅰ. ①珍… Ⅱ. ①安… ②李… ③王… Ⅲ. ①珍珠－基本知识 Ⅳ. ①S966.23

中国版本图书馆CIP数据核字(2016)第290159号

The Pearl Book: The Definitive Buying Guide, 4th edition, 2008 by Antoinette Matlins

All published in English by GemStone Press, a division of LongHill Partners, Inc., Woodstock, Vermont 05091 USA

www.gemstonepress.com

The simplified Chinese translation rights arranged through Rightol Media（本书中文简体版权经由锐拓传媒取得Email:copyright@rightol.com）

著作权合同登记号 图字：01-2017-1096 号

书名 珍珠
著者 [美] 安托瓦内特 · 马特林斯
译者 李雯　王琳
出版 中国友谊出版公司
发行 中国友谊出版公司
经销 新华书店
印刷 北京中科印刷有限公司
规格 710×1000毫米　16开
17.75印张　251千字
版次 2017年7月第1版
印次 2017年7月第1次印刷
书号 ISBN 978-7-5057-3921-5
定价 98.00元
地址 北京市朝阳区西坝河南里17号楼
邮编 100028
电话 （010）64668676

献给我的女儿 Dawn 和外孙女 Bryn

就像最好的珍珠

愿你们的精气神发自于内

并散发出柔美的光

愿它们映射出内在的品质和美丽

超越外表……

并经受时间的考验

不同形状和颜色的淡水珍珠

世界上最大的天然珍珠形成的半人马主体

天然鲍鱼珍珠

美国的养殖鲍鱼珍珠

（左）一颗罕见的大蜗牛养出的天然美乐珠
（右）有着两颗罕见的圆蛤类珍珠的古董胸针

Henry Dunay 的作品，澳大利亚南海巴洛克养殖珍珠制作的兔子胸针

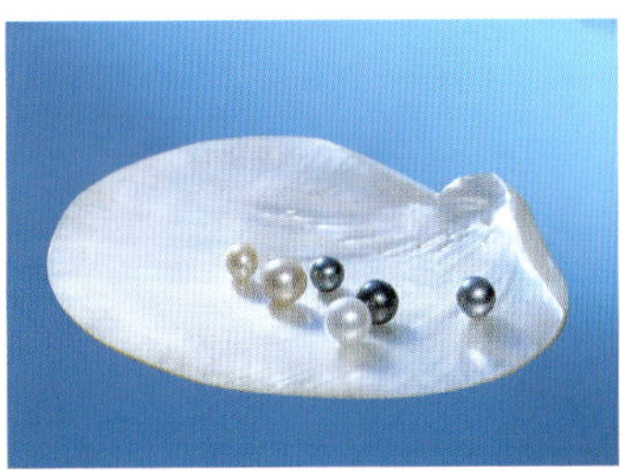

白色、黑色、金色的南海养殖珍珠

akoya 养殖珍珠，展示了被称为“orient”的彩虹色效应

珍珠的种类

Asprey 创作的瑰丽的南海吉树珍珠项链，伦敦和纽约

插图：拍卖中出现的爱德华时期的华丽海螺珍珠项链（瑞士日内瓦的安帝古伦精品拍卖行）

Jack Lynch 提供的中国淡水组织激活的花瓣养殖珍珠，Yvel 设计的惹人注目的花瓣珍珠做成的胸针

Mark Schneider 创作的多面大溪地珍珠制成的获奖吊坠

Carolyn Tyler 创作的惊人的戒指

Mark Silverstein 创作的“美味的”巧克力

珍珠的差异

不同形状、颜色、大小、光泽和成色的珍珠。注意小的、白色的、不规则的巴洛克风格珍珠的好成色，并注意每一颗“白色”珍珠的颜色差异。当你比较黑珍珠时，请注意，虽然所有的都很可爱，最大的黑珍珠是非常大的，但形状不像最小的珍珠那么完美，表面也不是那么光滑，光泽也不是那么强。同时注意黑珍珠晕彩的细微差别。右边的“黑”珍珠有着淡淡的蓝色，黑色的巴洛克珍珠有着淡淡的粉色，最大的珍珠有着淡淡的绿色。

注意光泽和成色的变化。小的、顶上的那串项链具有很好的光泽和成色；底部那串是典型的质量很差、薄珍珠层的珍珠，它们没有什么价值，也不会长久保存。

质量好的“圆圆的白色”养殖珍珠有很广的颜色范围，从银白色到乳白色，你都可以在这里看到；注意“圆度”的差异。这是典型的南海珍珠，因为它们有厚的珍珠层，这种珍珠是值得期待的。

美国淡水养殖珍珠

各种各样的美国淡水养殖珍珠，包括棒状的、硬币状的、椭圆形的、柱状的和其他独特的珠宝创作。

中国珍珠

像彩虹一样各种颜色和形状的中国淡水养殖珍珠。

各种颜色做成的中国淡水养殖珍珠戒指。

世界上的珍珠

日本珍珠

琵琶湖的淡水珍珠，巴洛克式的“大棒状”珍珠和“十字形”珍珠。

优质 akoya 养殖珍珠链。

斐济珍珠

斐济珍珠产品展示了一个很宽的颜色范围，包括独一无二的贝壳自身的颜色。

特别优质的圆的、银白色的澳大利亚南海养殖珍珠做成的项链和戒指，强调了养殖珍珠珠形的对称性，戒指中的圆珍珠和项链中大的、独特的巴洛克珍珠。

美丽的大溪地天然黑色珍珠；一串庄重重的项链（上图）或一串休闲的项链（下图），珍珠和宝石间吸引人的结合（右图）。

库克群岛和越南的珍珠

雕刻的慈悲珍珠透露中心的彩色宝石。

章鱼形、圆形、滴状或圈状的珍珠非常让人震惊，玫瑰色的伴彩创造了一种茄色的感觉。

菲律宾的珍珠

南海养殖的黄金珍珠的色域从浅香槟色到罕见的深金黄色不等。

无论外观是休闲还是正式，珍珠都是宝格丽独特设计的自然应用。注意颜色和纹理的对比、古代和现代细节的对比、光芒和柔和的对比。

Trio 珍珠

巴洛克养殖珍珠制作的奇妙的作品是充满想象力的、独特的，也是非常流行和适合佩戴的。

Mauboussin 珍珠

Mauboussin 用色彩创造出了戏剧性的优雅。（左图）三角形紫水晶宝石、多面红宝石和温柔感性的椭圆形的南海珍珠钻石。

一只优雅的手镯中的黄色蓝宝石、钻石和akoya。

黄色蓝宝石、钻石和黑色养殖珍珠滴。

御木本珍珠

御木本创造的第一件养殖珍珠作品，这条爱德华时期的项链可以追溯到20世纪早期。御木本今天因它的现代化和经典而闻名。

佛杜拉珍珠

将文艺复兴时期的感觉与俏皮、异想天开的风格结合的精致的胸针，巴洛克式养殖珍珠完美表达了这种结合。

Winston 珍珠

1978 年，黑色的天然大溪地养殖珍珠在 Winston 首次亮相，之后一直被世界各地的消费者追寻。

珠宝设计的灵感

设计师的灵感来自各种各样的珍珠，不同种类、颜色和形状的珍珠创造的珠宝赋予了珍珠全新的意义，让它们不再是祖母所拥有的简单项链上的珍珠！

K.Somos

Yvel

Jewelmer International Corp.

Mrak Schneider Design

Alishan Designs

Christie's

佳士得拍卖行

上图：由 32 颗直径 10.2~15.2mm 的珍珠组成的天然珍珠项链，20 多年前在佳士得拍卖行拍出了 374,000 美元。

插图：萨拉珍珠，一颗灰色天然珍珠，售价 470,600 美元（仅仅一颗珍珠）。

左图：La Régente，一颗重达 337 谷（84 克拉）的形状美丽的天然珍珠，它曾属于法国皇冠上的一件珠宝。它在佳士得拍卖行中价格暴涨，创造了单颗珍珠 859,000 美元的纪录。

伟大的珍珠拍卖

2007 年对佳士得来说是创造纪录的一年

巴洛达珍珠项链，由 68 颗天然正圆珍珠串连而成的双排珍珠项链，珍珠大小介于 9.47~16.04mm 之间，以超过 7,000,000 美元的价格创造了新的世界纪录。

一条令人难以置信的天然珍珠项链（直径 5.7~11.78mm），卡地亚创作的最好的项链之一，带来了超过 1,000,000 美元的收入。对这样尺寸的项链来说，这也是一个新的纪录。

创造尺寸纪录的澳大利亚南海养殖珍珠项链——16~20.1mm——创造了苏富比珍珠的价格纪录：2,310,000美元。

苏富比拍卖行

来自 Thurn 和 Taxis 典藏的瑰丽的天然珍珠和钻石头饰（1853 年），在苏富比拍得约 650,000 美元。

极其罕见的天然绿色的南海养殖珍珠项链，带着银灰色的伴彩，在苏富比拍下 160,000 美元。

目录 CONTENTS

第四部分　挑选珍珠

第五部分　专家们的建议

第六部分　珍珠佩戴与保养

第七部分　在购买前和购买后的重要建议

附录

致谢

特别感谢我的父亲，Antonio C. Bonanno，英国宝石协会鉴定师、美国注册高级珠宝评估师和指导师。感谢您赋予我诚实、正直的品格，您对珠宝的热爱深深地感染着我，感谢您在我儿时给予了细心指导和无微不至的照顾，您在实验室中与我一起阅读 George Frederick Kunz 的杰作《珍珠之书》，并将收藏一一展示给我欣赏。我知道，如果有可能，您一定会特别高兴与我一起完成今天的这本书，所以这本书特别献给您，以此表达我对您的爱意。

我深深地感谢 Gina Latendresse，John Latendresse，Salvador Assael，给予我鼓励和对本书的专业指导；感谢 Devin Macnow 在过去几十年邀请我参加珍珠研讨会，让我更加清楚地了解到所需要的珍珠信息；感谢《珍珠世界》和养殖珍珠信息中心，帮助我收集到了世界范围内养殖珍珠的生产工艺和材料等信息；感谢南太平洋珍珠联盟组织，为我提供了最新的南海珍珠发展和一系列图片；感谢 Joan Rolls 帮助我取得了库克群岛珍珠的图片和信息；感谢安帝古伦拍卖行、科视和苏富比拍卖行提供的历史著名的图片或是价值连城的珍珠图片；感谢电视媒体合伙人提供的新婚和时尚图片；感谢 Richard Drucker 对珍珠价格的收集整理；感谢我采访过的专家学者、珠宝商和珠宝设计师，给予本书宝贵的建议和珍珠的经验之谈。

我要感谢 Karen Bonanno DeHaas，Kathryn L.Bonanno，Kenneth E.

Bonanno，他们都是优秀的珠宝家，也是我的兄弟姐妹，没有他们的支持与鼓励我就无法完成这本书。

我还要衷心感谢 Barbara Briggs 为这本书在宝石出版社工作到深夜；感谢我的编辑 Sandra Korinchak，因为有了她珍珠般夺目的智慧和闪闪发光的建议，这本书才更加精彩无比。

前言

在我的眼里珍珠一直有着一种独特的魅力，特别是在《珍珠》第一版出版以后，这种魅力有增无减。目前市场上的珍珠种类越来越多，颜色也越来越漂亮，人们可以根据自身的消费能力和个人喜好进行更多的选择。

越来越多的国家正在进行珍珠养殖，我们发现，由于母体及其水域不同，珍珠的大小、尺寸、形状均有不同，特别是颜色差异更大。珍珠的颜色时下非常流行，大家心中最喜欢的是金色珍珠、彩色珠链和巧克力色珍珠。对珍珠颜色来说，最令人兴奋的进展就是斐济珍珠的养殖。斐济正在大量生产颜色丰富、色泽绚烂的珍珠，这些珍珠大小平均在 10.5~11.5mm 之间，有一些更可达到 18mm（见第四部分第 8 章），这在其他地方是很难见到的。墨西哥正在大量养殖一系列色彩奇异的圆形珍珠，这些珍珠产自一种“彩虹唇”的牡蛎珍珠贝，以前认为这种珍珠贝是养殖不出珍珠的。虽然圆形珍珠还没有广泛培育出来，但随着圆形珍珠生产数量和质量而不断增长、提高，圆形珍珠的广泛养殖指日可待。

泰国和越南也可以成功养殖圆形珍珠，而且印度尼西亚、马来西亚、韩国和泰国的养殖珍珠不断增加。菲律宾主要集中养殖肉色到深金色的珍珠，对产自法属波利尼西亚和库克岛的“自然”黑珍珠的需求也持续增加。自然黑珍珠的养殖受益于严格的控制和后期处理的减少，其质量比过去我们所见到的珍珠好得多。质量提高带来价格的强势，扭转了以前由于劣质和处理珍珠泛滥造成的价格低迷。

产自新西兰的鲍鱼珍珠和马贝珍珠，因其价格合理、颜色奇异，而受广大消费者喜欢，并受到了时尚圈的追捧。令人遗憾的是，加利福尼亚的西北海岸却再也无法产出这样的珍珠了。

中国还在不断培育种类繁多的淡水珍珠，这些淡水珍珠有的形状新颖，如花瓣状，有的尺寸更大，其所呈现的颜色更是占尽了调色板中的所有选择，但是也要注意，许多淡水珍珠的颜色都是后期处理得到的。在《珍珠》第一版的前言中，我就提到中国已经成为主要淡水珍珠养殖国家。从开始养殖 6mm 的近圆形无核白珍珠开始，今天中国可以养殖出直径达到 15mm 的圆形淡水珍珠。以前中国的养殖珍珠都是无核的，现在中国也成功养殖出了有核的淡水珍珠。这些小巧玲珑的珍珠，颜色从白色到肉色系列，泛着招人喜欢的粉色和淡紫色光晕，将成为巨大的养殖珍珠市场的一个重要部分。与养殖珍珠皇后——稀有的南海珍珠相比，中国的淡水珍珠价格更加合理，更容易得到消费者的青睐。中国现在也是一个非常重要的海水养殖珍珠的国家，其海水珍珠包含了 akoya 珍珠（一种经典的圆形白色日本珍珠）和南海珍珠的各个种类，但往往认为中国的海水珍珠颜色和光泽是经过后期处理改善提高的。

在天然珍珠中也有令我们兴奋的发现，业内人士和收藏家都寄希望于巴林，希望巴林能够成为天然珍珠的可靠来源。虽然现在所产珍珠还比较小，但他们还是坚持不懈种植和扩大牡蛎的数量来加速天然珍珠的产量，这种努力也正在初显成效。一些具有特殊尺寸和超级完美的珍珠已经开始出现在国际专业的拍卖行中，并标出了相当高的价格，创造了新的纪录。2006 年 9 月在佳士得瑞士日内瓦分行拍卖会上，一条三层珍珠项链，标出了 300 多万美元的价格。历史上著名的巴罗达双排珍珠项链，是从印度巴罗达大公的一条七层天然珍珠项链中挑选出来的 68 颗最大和最漂亮的珍珠串连而成。这条七层珍珠项链曾被皇家财富认为是最贵重的珠宝首饰之一。2007 年 4 月，这条双排珍珠项链拍出了 700 多万美元的高价。

对于喜欢收藏稀有的天然无核珍珠的人来说，海螺珍珠、鲍鱼珍珠和越南的美乐珍珠在拍卖会上已经达到了最优价格。美国罕见的天然珍珠，颜色从淡紫色到紫色，已经引起了各国的关注，其价格已经达到了四到五位数之间。

正如我们所知道的，还有不同类型的珍珠有待于我们去发现。除了珍珠种类丰富独特外，新的改善技术也正在以更广的范围内应用于珍珠领域。

如同所有精美的宝石珠宝一样，要想买到好的珍珠，您要有专业知识，知道产地，同时请按照本书章节所提供信息以及建议，自信十足地挑选心仪的珍珠，享受珍珠给您带来的美好吧。

安托瓦内特・马特林斯

导言

也许是珍珠自身所象征的精神品质，也许是珍珠带给人的平静、高贵、典雅，也许是每颗珍珠所赋予的每种心情，散发出的天然去雕饰之美，常常令我沉迷于其中无法自拔。

无论何种原因，我喜爱珍珠。有趣的是，我的丈夫同样喜爱珍珠，他很少去关注钻石和其他大多数珠宝。他送给我的最珍贵的礼物都是用珍珠做成的。我最爱的一枚钻戒便是他送给我的，这枚精致的钻戒是由天然珍珠和钻石镶嵌而成，他给我戴在无名指上，紧贴着我的结婚戒指。我时时刻刻都戴着它。我不知道是什么吸引了他，他对珍珠的喜爱和看见我喜欢珍珠的那种喜悦，与我对珍珠的喜爱和佩戴珍珠时的喜悦简直是一模一样。

对于喜欢珍珠的人来说，这真是个令人欢呼雀跃的时代。无论是在颜色上、形状上，还是在价格上，现在可以选择的珍珠类型、款式，都是以往无法比拟的。您可以花不到 100 美元买到养殖珍珠，但是养殖珍珠的价格也可以超过 100 万美元。养殖珍珠时代的到来，让更多前所未见的珍珠品种百花齐放，新的品种层出不穷。珍珠完全可以比得上最好的钻石、红蓝宝和祖母绿，在珠宝玉石中是佼佼者。

这是珍珠最好的时代……也是它最不好的时代。很重要的原因之一就是：市场销售的劣质珍珠当时看起来漂亮，但是在很短的时间内就会失去它的美

PART 1

第一部分

珍珠：宝石之王

左上：伊丽莎白一世，珍珠女王

右上：玛丽亚王后（1609-1699），英国查理一世国王的妻子。注意“曼奇尼”珍珠耳环（见第五部分第12章）和珍珠项链

左面：“珍珠王子”：都彭王朝的拉纳

1 / 最古老的宝石和最珍贵的宝石

珍珠——世界上至高无上、最为富贵的宝物

摘自罗马历史学家 普林尼·采西利尤斯·塞孔都栯所著《自然史》
（发表于公元 77 年）

珍珠的魅力无时无刻存在于世界的每个角落。自历史记载开始，珍珠便被比喻为美德、爱情、智慧、正义、灵性和公正的化身。珍珠一直被视为稀世无价之宝，被认为是所有宝石的象征。每个时代的伟大诗人都写过对珍珠的赞美诗。每种文化都表达了对珍珠的赞美之情，从古代中国、印度、波斯、埃及、希腊和罗马，到玛雅、阿兹台克和美洲的印加文化，甚至是古代的南太平洋和澳大利亚等文化，无一例外。

珍珠的辉煌历史是举世无双的。现在珍珠是 6 月的生辰石，与其他宝石相比，其历史更加古老、更加神秘，更具有精神意义，更为帝王家所青睐。世界主要博物馆中的肖像收藏品中，无一不体现着珍珠无与伦比的声望和当时人们对珍珠的敬畏。在这里，我们可以看到在每个时代著名的男士和女士，在留给后人的肖像中，都以珍珠装扮自己。在他们所有的财富中，没有比珍珠更吸引他们，也没有比珍珠更适合来突显他们的财富了。

世界上伟大的文学著作赞扬了珍珠的价值和美誉。这种赞美我们在中国古籍中看到过，在印度教徒古老的圣书中看到过，在《圣经》《犹太法典》《古兰经》、但丁的诗和莎士比亚的戏剧中都看到过。伟大的罗马历史学家普林尼在作品中也曾经赞美过它，从普林尼的作品中我们了解了宝石世界和当时对它们的各种信念。

在现代世界中，人们或多或少知道珍珠是从何而来，继而精美的珍珠又给人们带来一系列的敬畏、疑惑，甚至更多的爱恨感觉。对于许多人来说，珍珠常被用于比喻生活的美好和诗情画意。在这个世界上，人们或许常常想起生活中面临的种种困难，过分强调困难可能会磨灭我们生活的意志，但是珍珠的精致往往会提醒人们，一些起初看似不幸的事情有时也会引出好的结果，如果没有之前的不好，根本不会有后来好的结果。正如你所看到的，如果没有磨难和挣扎，珍珠也不会自己生长出来。也许更为重要的一点就是，有没有珍珠或是珍珠的质量和色泽如何，这在很大程度上依赖于单个软体动物在环境中的自我生存，并不是所有的软体动物在相同的环境条件下都可以产出珍珠，即使能够产出珍珠，也不见得都是一样的漂亮。这跟我们的现实生活是一样的道理。

我们无从准确地考证人们何时何地发现珍珠，有可能在还没有出现历史记载的情况下它就已经被发现。大概是远古时期人们在寻找食物的过程中，其中一个吃鱼的人发现了珍珠。但是不管何种情况，毫无疑问，珍珠独一无二的美丽和起源，令其一经面世就价值不菲。

珍珠与钻石和彩色宝石不一样，当你第一眼发现，它的美丽已经定格，不需要优化处理，不需要切割和打磨。一颗好的珍珠拥有自身的深度和光泽度，好似由内至外散发出绚烂色彩。我们可以想象一下，当远古部落的人们在吃或打开贝类的一刹那，发现里面居然藏着一颗闪闪发光的圆形珍珠，是多么的惊奇啊！在那个时期，人们将一切与自然有关的力量奉为神灵，因此他们佩戴的护身符比任何东西都要珍贵。当他们捧着来自生命体里的天然宝物时，不仅是惊奇、敬畏，而且在他们的脑海里，散发着柔美光泽的珍珠简直就是一个生灵。

珍珠被认为是宝石之王，美丽、罕见、珍贵。远古时代的人们认为无生命的物体都拥有特别的力量，而这种特别的力量是可以传递给它的主人或是佩戴它的人。珍珠来自海洋生物体内，它呈现出的内在光泽，蕴含了特有的生命活力，比其他任何财富更具有力量和价值。

所知的最早文化对珍珠的褒奖

生不布施，死何含珠为？

——《庄子·外物》

我们也许永远无法知晓珍珠确切的发现时间和地点，但是我们知道在有历史记载的时候，人们已经敬畏珍珠的存在。在亚洲，珍珠的历史可以追溯到几千年前，在距今4000多年前的《尚书·禹贡》中，已经有多处提到了珍珠的重要性。公元前2206年大禹时代的书籍曾记载，长江流域的珍珠被作为贡品献给统治者、载入赋税记录并成为陪葬品。儒家的诗词歌赋中也曾经提出了一个很重要的问题：生不布施，死何含珠为？（如果一个人生前不行善，又如何在死后配得一颗珍珠的陪伴？）从这里，我们发现很久以前，珍珠是和一个人的善行联系在一起的，人们希望以此激励、引导大家过行善积德的生活。这些记载有可能是历史上第一次将珍珠和善行联系在一起记入史册。

在中国，1000多年前就很流行小珍珠母覆盖的佛陀（佛教珍珠），人们很聪明地将很薄的铅片插入淡水软体动物体内获得一层珍珠外包层，然后将它们覆盖在佛陀上。虽然我们不知道当时人这么做的原因，也可能与精神意义有关。

珍珠在古代印度和锡兰同样被统治者所喜爱。在距今2500年前的古籍中，我们发现，当时在靠近锡兰的沿海区域已经有珍珠捕捞业的记载，珍珠的价格也很昂贵。锡兰更是把珍珠当成使者前往印度传递友情的重要信物，赠予他国。

我们知道，当小型采珠业出现在锡兰时，采珠业在整个罗马时期已经得到了繁荣发展，罗马历史学家普林尼在提到锡兰时，特别指出锡兰作为珍珠主要产出地的卓越意义。自公元前 300 年，波斯湾开始产出珍珠，且大多数漂亮的珍珠均产自巴林群岛。从那时起到 20 世纪中叶，波斯湾一直是世界上大多数重量级珍珠的主要产地。波斯国王和王后的肖像中将珍珠作为装饰品，法国卢浮宫中收藏的一条配有珍珠和其他宝石的项链可以追溯到公元前 4 世纪。

提到古希腊的爱神阿佛洛狄忒（罗马称维纳斯），人们往往想到珍珠，常常将此紧密联系在一起。这有可能是，古波斯征服埃及和希腊后，将珍珠引入这些地方，通过希腊和埃及，又传到了罗马和世界的其他地方。我们发现，罗马帝国统治时期，珍珠与罗马爱神维纳斯也紧密联系在一起。很显然，珍珠与爱之间的联系也很好地证明了古代人对珍珠的珍视。这些早期征伐的另一个贡献就是促进了红海海岸阿拉伯和非洲北部地区采珠业的发展，虽然现在已经不存在了，但在当时这些地区却是珍珠的重要产地。

玛格利特——一颗真正的珍珠

罗马人热爱珍珠，女人们慷慨地展示所拥有的珍珠，他们对珍珠的热爱之情是没有止境的。在罗马，没有人对珍珠的热情能够超过将军庞培，他在行进队伍中展示用珍珠打造的个人肖像。对于罗马人来说，珍珠是他们最值得从东方大国追求的财富。富有的罗马女人会在自己的床上镶嵌珍珠以确保能睡个好觉。罗马帝国晚期，全国推行节约法令，尝试限制民众对珍珠的展示，个人每次佩戴的珍珠数量不能超过法令中所规定的。据普林尼回忆说，公元 1 世纪，珍珠在所有珍宝物品中排名第一。

罗马人常用两个词描述“pearl”（珍珠）。如果是一颗大而美的珍珠，就用单词“unio”表示独特的意思。罗马人也用单词“margaritae”（希腊语中的“珍珠”）来暗示值得珍爱的无价之宝。“margaret”（玛格利特）及其变形“Marguerite”“Margarita”等都寓意为“珍珠”。自罗马时代开始，它就与珍珠的纯洁、灵性、美德和高贵等品质融为一体。

Pearl，Perle，Paarl，Perla，...

珍珠这个单词在许多语言中是相似的，在英语中是“pearl”，法语和德语中是“perle”，荷兰语和瑞典语中是“paarl”，意大利和西班牙语中是“perla”。因为许多珍珠被罗马人所熟知，所以今天普遍认为，珍珠这个单词来自罗马语的“pirula”，意思是“泪珠状的”。“pirula”一词随着罗马帝国的扩张传遍整个欧洲，它被用来形容许多天然淡水珠的形状，后来逐渐替代了“unio”这个词，来形容珍珠的自然之美。

新娘与珍珠——一个古老的传统

克利须那神从深海带回珍珠，在女儿的婚礼上送给女儿。

——《梨俱吠陀》古代印度的书，公元前1000年

前文我们提到过，许多关于珍珠的最古老的记载都出现在锡兰和印度。远在罗马人欣赏珍珠之前，珍珠就在印度人心中拥有崇高地位。在印度古籍和著名《吠陀》经书中常常提到珍珠，这些记载了最早珍珠与生命的延续、发展和传承的关系。3000年以前“krisana”一词就出现了，翻译过来就是“珍珠”。在克利须那神的故事中，克利须那神的拼写与“krisana”非常相似。在这些古籍中我们也知道了有可能最早的关于珍珠与婚礼的故事。书中讲述了克利须那神是如何将深海珍珠在女儿婚礼那天赠送给女儿的。那是多么美丽的一个故事。珍珠又是多么珍贵而神奇的礼物。那么我们该如何更好地来

描述珍珠的高贵呢？印度古籍中的故事很有可能是记载最早将珍珠和婚礼放在一起的，可能从那时开始，珍珠被当作新娘最为合适的传统饰品了！

俄国沙皇皇后世纪之交婚礼上的照片

珍珠作为婚礼珠宝已经有上百年的历史

古希腊人将珍珠作为婚礼珠宝，见证婚礼的举行，相信它能够保佑婚姻幸福，不让新娘伤心难过。在十字军东征时期，从中东回来的英勇骑士都会将珍珠作为礼物，在婚礼上送给爱人。在 14–15 世纪时，珍珠和爱情是密不可分的。人们相信珍珠可以带来爱情，在勃艮第大厅举办的皇室婚礼真真切切地将婚礼现场打造成了珍珠的海洋，也将珍珠作为“婚礼时尚”推上巅峰。历史上曾记载，在这场婚礼上，几乎到场的每个人从新娘到男嘉宾，都佩戴了闪耀无比的珍珠饰品。

从伊丽莎白一世到当代的伊丽莎白二世，这个传统经过数世纪一直延续下来（见第一部分第 2 章和第五部分第 12 章）。20 世纪初期，在美国，珍珠就像今天的钻石一样是婚礼用的珠宝，珍珠的销售量占珠宝销售总额的 75% 以上。现在，婚礼上有时是新娘的父亲赠予新娘珍珠，有时是新郎赠予新娘珍珠，这种传统已经延续了数百年。对于新婚夫妇来说，没有比珍珠蕴含更好的象征意义。珍珠就像爱情，需要时间精心培育，它必须战胜种种困难和挑战，才能脱颖而出、光彩夺目。

在波提切利的名画中体现了一个关于珍珠与爱情的最美丽的传说“维纳斯的诞生”。在画中，我们看到维纳斯从一只牡蛎中出现，她自己就是一颗美丽的珍珠。

珍珠和天朝王国

除了用珍珠装扮新娘，印度《吠陀》的其他文献中也提到了用珍珠打扮自己的英俊男子。《梨俱吠陀》圣歌中赞颂，“萨维塔驾着他镶有珍珠的战车从遥远的地方来保佑我们远离所有的痛苦和悲伤。”同时，“就像珍珠装扮黑色的战马，因此天父用星座点缀了整个天空。”

在犹太早期的作品中，珍珠常常用来形容那些极为宝贵的物品。例如，在《圣经·约伯记》中，我们发现，在描写智慧的价值时，强调智慧比任何东西都重要，包括珍珠。

在犹太的文学中，我们也知道了关于亚伯拉罕和妻子萨拉入境埃及的精彩故事。在进入埃及时，亚伯拉罕遇到了海关关税员，为了保护妻子，他愿意放弃所有的宝贵财产，包括珍珠。从这个故事中，我们看到他们的爱情高于珍珠，但是珍珠价值仅次于爱情。

公元1世纪开始，基督教的文献中开始引入珍珠的资料。在《圣经·马太福音》一书中，耶稣将天国比作是一颗珍贵无比的珍珠。天国就像一位商人，四处寻找完美的珍珠，一旦发现有一颗具有价值的珍珠时，就会牺牲掉自己的一切拥有它。后来马太告诉我们：“不要把圣物给狗，也不要把你们的珍珠丢在猪前。”12 扇天堂的大门——“珍珠之门”——我们在《圣经·启示录》中曾经读道：“12 扇门是 12 颗珍珠，每门是一颗珍珠，城内的街道是精金，好像透明的玻璃。”

一幅波斯手绘插图，展示了 Shah Sulalman（1674–1694）身上戴满珍珠，并坐在珍珠镶嵌的地毯上。

珍珠与圣母马利亚和耶稣的关系也很紧密。圣母马利亚在早期基督教会的著作中曾经称耶稣为“大珍珠”。在那个时代，我们从所有的最有价值的物品中找不到比珍珠更值得珍爱的东西了。

珍珠的魅力从公元 1 世纪一直延续到公元 6 世纪，从未有所减弱。伊斯兰教的神秘主义认为珍珠是神的第一个作品，而穆斯林则认为珍珠是上帝赐予世界的一个特殊的礼物。因此，穆斯林往往把天然珍珠看得特别重要，并且尽量避免养殖珍珠与天然珍珠混淆在一起。

我们发现伟大的先知穆罕默德（公元 570–632），在伊斯兰教的圣书《古兰经》中用非常美妙的话语比喻了珍珠的美丽和价值。对于穆罕默德的追随者来说，他们想象天堂中“石头是珍珠和风信子石，树上的水果是珍珠和祖母绿，每个进入天堂的人都有一堆的珍珠、红锆石和祖母绿，头冠上佩戴着无可比拟的闪闪发光的珍珠，被隐藏在珍珠中的仙女所服侍”。没有比可以进入这个想象的天堂更有吸引力的了。现在，穆斯林仍旧很喜欢珍珠，鲜艳明亮的珍珠是他们最为珍爱的财富。

珍珠之于健康

……珍珠可以让人元气恢复甚至可以起死回生。

——Anselmus de Boot，鲁道夫二世（卒于 1612 年）时期的医生

除了珍珠作为无与伦比的宝石的价值外，几个世纪以来，著名的医生都认为珍珠拥有特殊的治愈力，特别是对眼疾、败血症和抑郁症等具有显著效果。珍珠被认为拥有的力量可以使人类感知未来、解释梦境。13 世纪时，珍珠被认为可以有效治疗心悸和疾病引起的抑郁症。只要服用包含珍珠的混合物，就可以治疗各种各样的疾病。珍珠粉也可以治疗眼疾。一个受过教育的卡斯提尔人在记录的一天中曾写道："珍珠粉放入眼里，加强了视神经，干涸的眼睛湿润了，看到的世界清晰明亮。"那个时期有一个特别的秘方听起来十分引人入胜，它的创造者是当时一个非常著名的医生，名字是 Anselmus de Boot，据报道："这个秘方可以将人的元气恢复至极致，几乎可以使人起死回生。" 这个方子如下：

将珍珠、醋、柠檬汁和矾或硫黄使劲搅拌在一起，直到混合成液体。注意，上面覆盖玻璃以防止气味散发。再添加一些柠檬汁，然后把产生的乳状液体倒出加糖调一下味道。每 4 盎司珍珠液，加入 1 盎司的玫瑰水、1 盎司的草莓酊、2 盎司的肉桂水，摇匀，然后喝 1 盎司到 2½ 盎司。

在 14–15 世纪，珍珠粉混合在蒸馏水中，用于治疗精神疾病和其他病症。在 1492 年，意大利佛罗伦萨著名的统治者洛伦佐，因发热而病危，他也曾喝过一杯相似的混合物。据报道，当被问及他尝试以后效果如何时，他的朋友说："对于一个将死之人做任何事情都是善意的。"很明显没有起到任何作用，他死了。

然而我们可能是不应该嘲笑他们的。不久之前，御木本幸吉，20 世纪养

殖珍珠的发明人，在被问及他已经 94 岁身体为何如此健康时，曾说道："我能够长寿、身体健康，得益于我从 20 岁就开始每天吞服两粒珍珠。"

巴林的法律规定，进入这个国家的珍珠必须是纯天然的，海关允许进入境内的养殖珍珠要严格应用于药物制剂，用来治疗膀胱炎、性无能和眼部问题等。在中国，珍珠粉则应用于美容业，制成面霜，保持皮肤年轻。

崭新的世界——珍珠的领地

大部分珍珠继续来自波斯湾或欧洲的河流，直到新世界的发现。欧洲从未梦想到这块原始土地成为财宝之地。谁能够想象有地方珍珠如此丰饶？又有谁能够想象出原始的美洲印第安人佩戴象征财富的珍珠？然而，我们在霍普威尔地区的俄亥俄州的一个印第安人的古墓中发现了一颗淡水珍珠项链，距今约 3000 年前，这足以证明珍珠在古印第安人心目中的价值。

从欧洲到亚洲，国君们尽情享用过去的 1000 多年里发现的代表富饶的最好东西，包括所知的每种类型的珍珠。美洲拥有丰富、精致的淡水珍珠资源，主要产自密西西比、俄亥俄和北美田纳西地区的湖泊和河流。南美洲巴拿马和委内瑞拉海岸发现的白色海水珍珠，质量和色泽都足以媲美从波斯湾和加利福尼亚半岛产出的天然黑珍珠，这为墨西哥的国王和王后提供了丰饶的资源。

1498 年，哥伦布在委内瑞拉的沿海地区、加勒比海岸发现了优质的采珠海域。他让一些水手去拦截一艘渔船，想知道在打捞什么。有文字记载，水手带回来大而白的珍珠，是他们用马拉加陶器碎片交换来的。随后，他迅速让水手携带各种现代化的用品，包括纽扣、针和陶器等与渔民交换了大约 18 盎司的珍珠，这些珍珠足以赎回一个国王了。这个地区为欧洲提供了大量的质量上乘的珍珠，后来由于过度捕捞，完全破坏了牡蛎的繁殖床。

不久之后，欧洲和亚洲的法院都出台了一系列措施保护和享有珍珠。到了16世纪中期，珍珠成了最受皇家喜欢的珠宝首饰。欧洲国王和王后的画像中也体现出当时对珍珠的无比喜欢，对珍珠的在乎甚至超过了画像中衣服的配搭，这一点在国王亨利八世和女儿的画像中表露无遗。为了将每件衣服上都缝上珍珠，英国女王伊丽莎白一世甚至购买了成千上万的仿珠缝在上面。

直到20世纪早期，美洲新大陆和波斯湾产出了世界上最多的天然珍珠。

养殖珍珠首次登台亮相

从珍珠新大陆的发现到20世纪的发展和养殖珍珠的出现，并没有对珍珠市场产生很大的变化。虽然中国等其他国家进行了数百年的珍珠培育实验，但是直到19世纪才取得了很大的进步。一位名为William Saville-Kent的澳大利亚人和三位日本的“发明家”，其中一位是生物学家Tokichi Nishikawa，另一位是木匠Tatsuhei Mise，还有一位是面条机制作人的儿子Kokichi Mikimoto，发明了养殖珍珠的技术。1916年，御木本（Mikimoto）取得了养殖圆形珍珠的技术专利，到1920年其生产的圆珠销售世界各地。

虽然提到养殖珍珠人们首先会想到Mikimoto，但后来人们都认为澳大利亚的Saville-Kent先生是最初开发出生产养殖珍珠技术的人，他的技术主要是从一只牡蛎中取得外套膜组织然后成功移植到另一只牡蛎中，这项技术在培育良好珠子的过程中是非常重要的。后来他的技术被Mise和Nishikawa不断完善并获得了专利。这项技术专利被Mikimoto所购买。

天然珍珠的供求状况，让Mikimoto的养殖珍珠进入了一个关键的发展时期。因为过度捕捞造成牡蛎数量锐减，导致世界范围内的优质天然珍珠供应急速下滑。到20世纪中期，由于工业化、波斯湾石油的发现和污染，加剧了天然珍珠数量的不断下降。由于潜水找珠经常会危及生命安全，相比来说，石油行业的可靠性和安全性对人们的吸引力更大，所以越来越多的采珠者转行石油业。如今，潜水采珠者已经寥寥无几了，通常都是一些业余收藏家和寻宝者，而优质天然珍珠的数量根本无法与以前相比。大多数优质天然珍珠都是通过私人中介机构和一些重要的拍卖会从一些地产商中取得。

正如历史上任何一个时期一样，珍珠在今天非常珍贵,甚至更加稀有。好的天然珍珠价格惊人，超出了大多数人的购买能力。天然珍珠的追逐者几乎都是一些收藏家和鉴赏家，以及从文化上，将它们赋予特殊价值的国家人群，包括一些阿拉伯国家。

Kokichi Mikimoto

Mikimoto 的养殖珍珠永久地改写了珍珠的市场。历经数十年，珍珠养殖技术得到了提升，新的培育技术也在不断发展。法属波利尼西亚自然黑珠的养殖已经成功，澳大利亚养殖者应用培育技术养殖出了白色的大个儿的南海珠，色泽美丽，被看作宝石中的皇后。

今天的珍珠市场是养殖珍珠的天下，如果没有养殖珍珠，我们大多数人都不可能见到一颗漂亮的珍珠，只有在大博物馆里的名人肖像中才能看到。今天对于喜爱珍珠的人来说，其实找到的都是优质的养殖珍珠。

2/ 珍珠的传说故事

几个世纪以来，关于珍珠的各种传说让人对珍珠充满了幻想，再加上珍珠散发的魅力，更是让冒险家和诗人心潮澎湃。无论是爱情传奇、希望传说、权力争夺、政治阴谋，还是探索与发现，每一个传说中的宝藏都承载着一个故事，这个故事就像珍珠一样神秘，令人惊叹。

安东尼与克娄巴特拉的爱情魔药

安东尼与克娄巴特拉的故事被认为是世间伟大的爱情故事之一，也许只有故事中罕有的珍珠可以超越。

故事中讲到，安东尼被克娄巴特拉深深吸引，为了让她高兴，他可以为她做任何事情，甚至倾尽所有。特别提到的是安东尼为克娄巴特拉准备了极为奢侈的宴会一天，克娄巴特拉夸下海口，说她可以很容易地就准备出比这更加奢华的晚宴，将花费 1000 万赛斯特斯[①]（相当于一位国王的赎金）为他一个人打造一顿饭。安东尼打赌她做不到。克娄巴特拉果然为安东尼准备了

① 赛斯特斯是古罗马的一种货币，初为银铸，后为铜铸；4 赛斯特斯 =1 denarius。——编者注

一顿令人愉快的晚宴，克娄巴特拉戴着一对极为华丽的珍珠耳环出现在饭桌上，用普林尼的话说："这对珍珠是两颗极为罕见珍贵的珠宝，仅一颗就足以照耀整个世界，简直是自然之瑰宝。"安东尼并没有发现这顿饭特别之处，嘲讽着要看一下账单。克娄巴特拉宣称这顿饭花了 1000 万赛斯特斯，为了不再有任何异议，她取下了一颗珍珠并放入醋杯中将它融化，然后让安东尼一口饮尽。相当于一位国王赎金的价值就这样被一饮而尽了。克娄巴特拉准备继续取下第二颗珍珠时，见证这场赌局的法官无法忍受摧毁这么好的珍珠，便从她手中夺下，宣布安东尼输掉了这场赌局。普林尼告诉我们，为了纪念这场赌局，人们将余下的那颗珍珠从中切开，制成了罗马万神殿上爱神维也纳雕塑上的一对耳环。

不可征服的 La Peregrina

我们无法确定这颗华丽珍珠的起源，或准确的发现地点，但是我们首次注意到它出现在一幅玛丽一世的 1554 年的婚礼肖像中。La Peregrina 珍珠是玛丽一世的丈夫西班牙国王菲利普二世送给她的，说这颗珍珠是美国赠送给他的。我们知道这颗珍珠来自南美洲水域，但不清楚地理环境。有一个故事说 La Peregrina 来自巴拿马海岸的一个奴隶，因为奉上这颗珍珠而获得了人身自由。无论何种情况，这颗珍珠成为了西班牙的珍宝，从 1500 年中期一直保存到 1813 年。17 世纪的委拉斯凯兹给菲利普四世妻子（法国波旁的伊莎贝拉和奥地利的玛丽安娜）的画作中我们可以看到这颗珍珠，在 18 世纪，西班牙国王将这颗珍珠镶嵌在帽子上，戴着出席女儿玛丽亚和路易十四在凡尔赛宫举行的婚礼，引起了人们的注意。在约瑟夫退位后，1813 年这颗珍珠离开了西班牙

La Peregrina

进入了法国。为了摆脱法国的经济危机，路易·拿破仑王子将这颗珍珠卖给了侯爵，La Peregrina 随后来到了英国。侯爵将这颗珍珠送给了夫人，因为 La Peregrina 没有钻孔，所以很难将它拿住或固定在饰品上。有一次，在白金汉宫的舞会上，她发现挂在脖子上的珍珠丢了，后来在参加宴会中的另一位女士的天鹅绒裙褶中发现了它。还有一次，在温莎城堡，她又把它弄丢了，幸运的是在一个沙发的坐垫上找到了。当侯爵夫人的儿子得到它时，便去给珍珠钻了孔。

1913 年，La Peregrina 经过清洗打磨，进行了称重，据那时报道，它重达 203.48 谷（4 谷相当于 1 克拉）。

1969 年，苏富比拍卖行以 37,000 美元的价格将 La Peregrina 卖给了女演员伊丽莎白·泰勒。看起来只有泰勒女士适合将 La Peregrina 收入囊中。毕竟，她曾扮演过克娄巴特拉这个角色，从对 La Peregrina 的描述来看，这颗珍珠也非常像克娄巴特拉的那对珍珠，但是今天这里没有了竞争，它的的确确相当于一个国王的价值。卡地亚珠宝曾经受人之托为了提高珍珠的价值而为其打造了一条华丽的珍珠项链。

无与伦比的 La Pelegrina

La Pelegrina 是西班牙宝物中的另一颗价值连城的珍珠。它有着标准的鸡蛋形外表，重达 111.5 谷，品质很高，泛着银光几近透明。如此巨大和高品质的珍珠实属稀有珍宝。这颗珍珠的起源我们无从知道，但我们相信它同样来自南美洲。La Pelegrina 是国王菲利普四世送给女儿玛丽亚·特雷丝的结婚礼物。1660 年玛丽亚嫁给了路易十四，这颗珍珠被带到了法国。从那时起，La Pelegrina 消失在人们的视野中，直到 1800 年中期，它重新出现在了俄国皇家珍宝展上。La Pelegrina 在莫斯科卖给了 Youssoupoff 公主并在家族中一代一代传了下来。Youssoupoff 家族在俄国皇室家族中非常重要和具影响力，就是在圣彼得堡的 Youssoupoff 宫殿，拉斯普京在革命前被谋杀。1987 年，La Pelegrina 在日内瓦的佳士得拍卖会上以 463,800 美元售出。

“希望之珠”寓意一切皆有可能

希望之珠

19 世纪著名的银行家亨利·霍普有一颗希望之珠，也许我们都知道“希望之钻”，一颗拥有巨大光芒的蓝钻，现在被史密森尼学会所有。直到最近我们才知道历史上最大的珍珠，由于它的巨型，取名“希望”，所有事情都有可能，甚至会出现一颗更大的珍珠。希望之珠是一颗淡水河流珠，巨大的巴洛克形状的贝附珍珠。也就是，一颗珍珠依附在软体动物的壳上生长，当把它移开后，珍珠往往有一个点而没有珍珠层，这个点一般会被抛光或是固定的时候隐藏起来。希望珍珠重达 1,800 谷，相当于 450 克拉或是 3 盎司，长 2 英尺，最大一圈的宽度为 4.5 英尺，最小一圈的宽度为 3.75 英尺。外形像开花之前的毛地黄，最窄的边缘呈现白色，逐渐变成绿色，直到最大边缘的青铜色。霍普的惊世收藏品于 1886 年被售出，他的一些珍珠下落无人知晓。1974 年，希望之珠被一位私人买家以 200,000 美元购走。

2000 年，人们发现了两颗珍珠打破了希望之珠的纪录。第一颗缅甸珍珠是被潜水者发现的，是一颗新珠，重达 845 克拉。第二颗珍珠发现于一个由珠宝镶嵌的古金色的人首马身雕像中，就处在雕像身子的中间部分，重达 3426 谷或 856.58 克拉，高 4.5 英尺，最大周长 6 英尺，毫无疑问成为了世界纪录的保持者。像希望之珠一样，这颗珍珠也是巴洛克形状的贝附珍珠。它的奇异颜色融合了紫色、淡紫色、灰色和青铜色调，泛着强烈的彩虹光泽。

2001 年，当它首次亮相在美国自然历史博物馆的珍珠展上，就引发了人们的诸多疑问。为什么没有关于它的任何历史记载？这颗珍珠在何时何地被发现的？基于它的独特色泽和起源，有人推测，它来自彩虹唇牡蛎，这种牡蛎曾经生产于墨西哥沿海的巴哈半岛。虽然这颗珍珠充满了神秘色彩，但它确实是一个非常华丽的珍珠。

世界上最大的天然珍珠形成的半人马主体

伊丽莎白一世——珍珠女王

一个白皙罗马鼻，头戴王冠佩戴钻饰，一个大的衣领，外搭一个更大的领边和一串珍珠饰品，这是众人所知的女王伊丽莎白的画像。

——霍勒·思沃波尔（Horace Walpole，1717-1797），小说家

一想到英国女王伊丽莎白一世的形象，我们的脑海里立刻会浮现出一位伟大的君主佩戴珍珠的画面。有趣的是，伊丽莎白一世年轻时一点都不喜欢佩戴珠宝首饰，甚至稍微年长后，也不是很在意珠宝，但唯独珍珠是个例外。她对珍珠的热爱是没有限度的，不仅佩戴珍珠，连衣服和长裙都要点缀珍珠。她对珍珠如此热爱，以至于当天然珍珠供给不足时，她会购买成千上万的珍珠仿品镶在衣服上，以满足自己的喜好。在她临终的床上没有任何东西，只有珍珠。

没有人可以比伊丽莎白女王更加喜欢珍珠。她有 3000 件珍珠镶嵌的外套，有 80 件珍珠头饰、串链、戒指、耳环和吊坠。她常常让许多男仆和侍从将她的外套晾晒、通风，去除灰尘，以保持珍珠的光泽鲜艳。

伊丽莎白和汉诺威珍珠

从苏格兰王冠、勃艮第、葡萄牙和纳瓦拉，伊丽莎白到处寻找最好的珍珠并纳入囊中。她击败凯瑟琳成功地拥有了“汉诺威珍珠”，按理说，汉诺威珍珠应该是属于凯瑟琳的。“汉诺威珍珠”是凯瑟琳的叔叔克里蒙三世送给凯瑟琳的结婚礼物，凯瑟琳将珍珠传给了儿子——法国王储，他又给了妻子玛丽——苏格兰的女王。为了挽救财政破产，玛丽将她的珠宝收藏品全部售出，伊丽莎白成功地将这些精致的珍珠收入囊中。凯瑟琳想重新要回这些珍珠，写信请求西班牙大使去伦敦收回，大使回信说太迟了，这些珍珠已经戴在伊丽莎白的手上。

汉诺威珍珠可以追溯到 14 世纪，有 25 颗核桃大小的珍珠穿在六条很长的链上，是欧洲史上最好的珍珠。它们由伊丽莎白一世传给了詹姆斯一世，又传给了他的女儿伊丽莎白。后来，经珀西米亚女王，通过汉诺威王朝最终传到了英国的王冠上。

蒂芙尼的女皇珍珠

刚刚已经提到了，在发现新大陆的时期，北美洲盛产淡水珍珠。许多湖泊、河流等都有喜人的珍珠产出，特别是密西西比河谷水域。为了满足英国王室的需求，这些地区的珍珠被耗费殆尽，但今天还是能偶尔发现天然珍珠的。

然而美国最大的淡水珍珠并不是来自这些珍珠盛产的区域，而是美国的新泽西州。1857 年，家住新泽西州帕特森市的鞋匠戴维，在家附近的小溪里捕捞贝类。当他吃饭时，发现盘子里躺着一颗重达 100 克拉的巨型珍珠，但因为用油煎过，珍珠已经变质了。

这个消息迅速传播开来，一段时间后住在附近的一位木匠发现了一颗精致的粉色珍珠拥有非常可爱的外形。珍珠重量超过了 13 克拉。查尔斯・蒂芙尼收购了这颗珍珠，由于没有找到美国的买家，他将珍珠卖给了 Eugénie 女皇，随后，这颗珍珠被命名为“女皇珍珠”。不幸的是，这条因产出美丽珍珠而著名的溪水在此后的几年里，由于人类的过度捕捞、垂钓，逐渐干涸，再也没有了河蚌的产出。

印度珍珠——莫卧儿传说

我们了解了印度的辉煌历史，也从 17 世纪伟大的旅行家和作家 J. B. Tavernier 撰写的《印度游记》（*Travels in India*）的书中，通过文字和插图了解了历史上的一些华丽的珍珠。毫无疑问，印度的统治者非常喜欢珍珠，并给予了珍珠极高的价值。今天，印度海德拉巴历经 400 年依然是印度最重要的珍珠贸易中心，也是留存至今数量不多的天然珍珠市场。Tavernier 描述了珍珠是如何广泛地应用于珠宝首饰、服饰和家具行业的。但是最令人印象深刻的图像就是他对孔雀王座的生动描述。

根据 Tavernier 的描述，这颗珍珠的年代、大小和形状，让人们相信它就是早已失传的孔雀王座珍珠。

Tavernier 告诉我们，雄伟的孔雀王座，包含了很多极品珍珠。华盖下的宝座上镶满了珍珠和钻石，华盖的上面有一只用金子和宝石镶嵌而成的孔雀，这就是宝座名称的由来。在孔雀的脖子上悬挂着一颗璀璨的珍珠，它停留在孔雀的胸部中心。这颗珍珠重达 50 克拉，悬挂在一颗非凡的、火红的红色尖晶石下。

Tavernier 在印度期间，观看到了很多达官贵人的珠宝。除了孔雀宝座上的珍珠外，他还描述了其余 5 颗特别的珍珠，并给读者提供了素描图。他宣称，其中一颗珍珠是迄今发现的最大、最完美的，无论任何方面都毫无瑕疵。他讲述了在 1633 年波斯国王如何从一个阿拉伯商人手中买取了这颗珍珠，这颗

各种双壳类软体动物

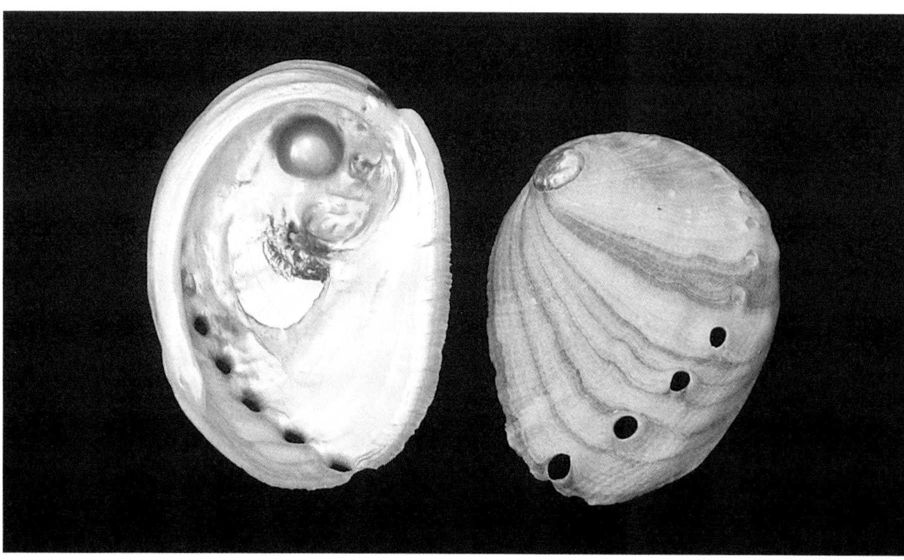

单壳“红鲍”美国鲍，产地Davenport，CA，盛产于美国加利福尼亚北部水域，图示底部及顶部视图，可见珍珠居于壳体上部。

3 / 珍珠的形成

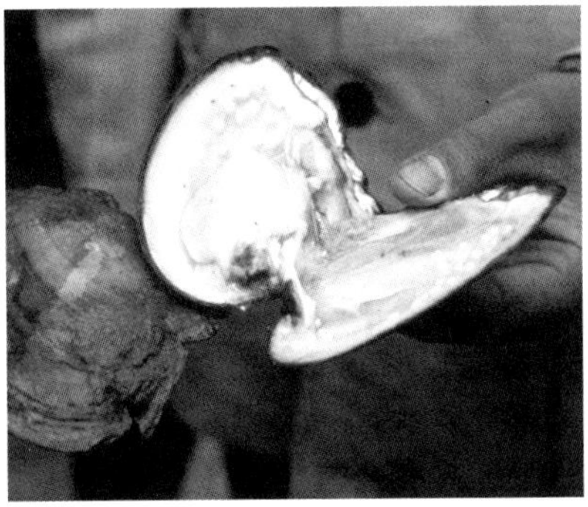

双壳类淡水贝

珍珠是一种有机“宝石”，也就是说，是由生物形成的宝石。类似的有机宝石还有珊瑚（由海洋无脊椎动物群体产生）和琥珀（由树脂石化形成）等。多种类的海水或淡水硬壳软体动物都能出产珍珠，但可别指望能幸运地在饭桌上见到珍珠的踪影，我们见到的珍珠几乎不是产自可食用的贝类中。

软体动物，包括牡蛎、蛤、贻贝、蜗牛、鱿鱼、章鱼和许多其他贝类，总共有超过 100,000 种不同的类型，但只有少数几个品种能够产生我们所期望的可爱珍珠。

珍珠是由特定品种的双壳类软体动物产生（有两个壳，如贻贝和牡蛎），但是只存在于有“珍珠衬里”的外壳内部，这种“珍珠衬里”就是珍珠母。并不是所有种类的双壳类都能产生珍珠母，而只有含珍珠母的双壳类软体动物才能产生真正的珍珠。

就天然珍珠而言，类似海洋寄生虫等微小异物偶尔进入软体动物壳内，并嵌入其中，软体动物在不能将其正常排出的情况下，为舒缓异物所带来的刺激，会产生一种褐色的分泌物，这种舒缓分泌物叫作贝壳硬蛋白 conchiolin（kon-KY-oh-lin，“ky” as in “sky”）；此外，它通常还会分泌出另一种白色的物质，称为珍珠层 nacre（NAY-ker），珍珠层在贝壳硬蛋白的作用下形成了珍珠。

我们所知道的“珍珠”是由珍珠质在包裹异物的过程中，一层又一层不断叠加形成。珍珠质与软体贝类外壳中形成珍珠母的物质相同，是由碳酸钙（主要是方解石和文石）这样的微观晶体所组成。当珍珠质层数足够多，且晶体排列整齐的情况下，光线穿过各珍珠质层时会形成一种棱镜效应：使珍珠表面散发出彩虹般的光芒——呈现出一种柔和的彩虹色，这种彩虹色通常被称为“珍珠光泽”。珍珠层所产生的光泽感和柔和的彩虹质感赋予了一颗优质珍珠独特的魅力与个性。珍珠质越厚，各晶体层排列越整齐，这样的珍珠也就越美丽、稀有和昂贵。

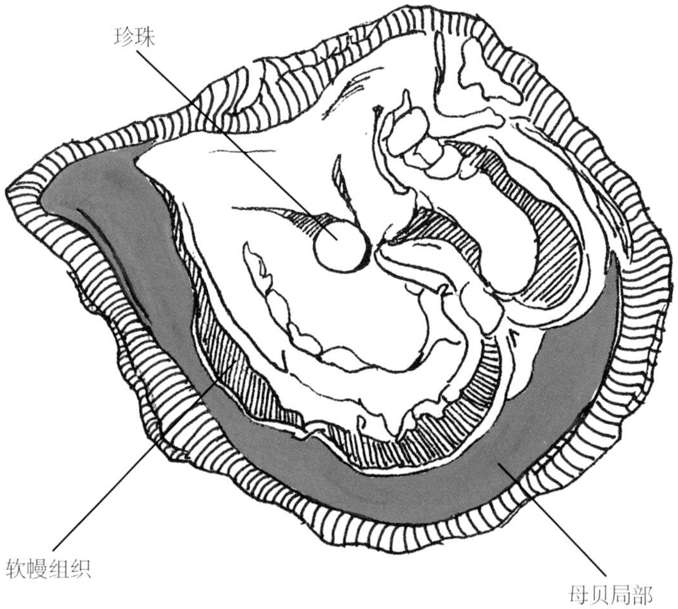

贝母壳衬

和其他宝石比起来，珍珠并不算坚硬——在摩氏硬度表中等级为2.5–3.5。但是紧密的特性使它具有出乎意料的持久性和抗击打性；正如前面我们所提到过的那些传奇珍珠，许多都能保持数百年而魅力不减。记得有一次，我非常猛烈地拍手，以致我戒指上的天然珍珠在会议大厅中飞了出去，打在墙上并弹到了地上！幸好有人听见我的尖叫才注意到它，并且帮我捡了回来；它经过这么折腾还能保存完好，真是让我感到惊叹！

天然珍珠是由“野生”软体动物在栖息地生成，但大多数野生软体动物不含珍珠。根据各种条件，母贝可能需要 10 年或更长的时间才能生产 6mm 的珍珠， 7mm 或 8mm 的珍珠则需要更长时间。不过，珍珠在软体动物内时间越长，越有可能破坏其品质，尤其是珍珠的表面，因此，大的高品质的天然珍珠十分罕见。采珠人倾其毕生也只能得到少量的天然珍珠，而且，绝大多数珠子品质一般。

人们对高品质珍珠，也就是“多层珍珠层构成的珍珠”需求量很大，但这种珍珠只有前面提到的几种特定软体动物或贝类才能产生，其他种类的贝类只能生成类珍珠产物，而且外观或商业价值都没有持久性。儿时我在弗吉尼亚的小溪中玩耍时，曾在小龙虾的头中发现可爱的、彩色的“珍珠”，我因此收藏了无数闪亮的、圆形“珍珠”；直径在 7~8mm，都有着彩虹般的色彩——粉色、淡绿色、奶油色、白色，甚至是蓝色。不幸的是，在一个相当短的时间内，“珍珠”的光泽减退，颜色褪去，最终变质分解。所以我最终放弃了捕猎和解剖小龙虾。

我在小龙虾头中找到的“珍珠”被称为钙质结核，许多贝类都可生成。大多数人在食用牡蛎中找到的就是这种钙质结核，并不是真正的珍珠，外观既不漂亮也不持久。有时人们在食用淡水贻贝时可以找到真正的珍珠，但这种淡水贻贝与海水产珠贝类是不同类型的。历史上最大最美丽的珍珠应该是由海水软体动物生成，我们将这种海水软体动物称为珍珠牡蛎。这里的用词可能不太恰当：牡蛎是一种可食用科的牡蛎类软体动物，而大多数海水珍珠是由形似扇贝的非食用科软体动物产生。在本书中我们将生产海水珍珠的软体动物称为“牡蛎”，或“扇贝”，先在此说明。

当今，世界上大部分野生的、可出产天然珍珠的软体动物由于过度捕捞和污染已经消失，高品质的天然珍珠比以往任何时候都稀少；一些喜欢珍珠、具有收藏能力的特殊买家也会偶尔从一些珠宝商中购得一些稀有天然珍珠，这些珍珠主要来自拍卖行、珠宝世家和珠宝评估的私人代理商。

当今珍珠市场是养殖珍珠的市场

随着天然珍珠资源的逐渐枯竭，日本正在发展珍珠的生产养殖技术，养殖珍珠在本质上与天然珍珠相同，只是产出过程中进行了科技手段的干预。珍珠养殖技术是指技术人员最初在母贝中植入可刺激贝壳硬蛋白和珍珠层产生的物质，使其最终产出珍珠。

养殖珍珠和天然珍珠的差异

天然珍珠和养殖珍珠的区别是：天然珍珠是由软体动物在自然环境中自身生成的，而养殖珍珠的产出需要人为的技术干涉。天然珍珠形成过程中，刺激性异物是一个非常微小的异物（通常非常小），比如，当一只寄生虫钻过外壳进入牡蛎组织时，这只寄生虫就是刺激性异物；而针对养殖珍珠的培育，技术人员通过手术植入“异物”完成。在海水和淡水珍珠养殖中，植入物通常是圆珠，以及覆盖组织；这种圆珠或覆盖组织植入物叫作“核”，这些珍珠被称为“有核”养殖珍珠。覆盖组织带有可产生贝壳硬蛋白和珍珠层的细胞；将其放置在圆珠旁边可保证其珍珠层包背，有助于产生品相高的珍珠。有些淡水养殖珍珠的形状是可爱的、不规则的，如“爆米花”形，这些珍珠的植入物可能是单独的覆盖组织，被称为“组织移植”或“无核”养殖珍珠。通过组织养殖的淡水珍珠本身通常并不是圆形，而是细长的和不对称的形状。现在的新技术能生产近圆珍珠，相信可能很快就能生产出非常圆的珍珠。

我们把植入物，无论是圆珠加覆盖组织还是单独覆盖组织，都称为“珠核”。珠核能够对软体动物造成刺激，使得软体动物随之出现缓解刺激的分泌反应，从而产生珍珠。现在人们梦寐以求的珍贵圆形珍珠都是珠核海水珍珠， 虽然在各种技术包括珠核植入技术的运用下，我们也能培育出近圆形的淡水养殖珍珠，但这些都不如海水珍珠稀有昂贵。

珠核植入需要非常熟练的技术人员和非常精细的操作。珠核是由天然的有机物质构成。为了让珍珠更圆滑，我们通常会选用一种只出产在美国密西西比河流域的特殊软体动物的壳所构成的圆球体作为海水珍珠核体。现在基础实验正在尝试使用不同种类的贝壳作为珠核，但在大多数情况下结果都不令人满意；实验中，一些珍珠核短短几个月就开始改变颜色，而且珠核本身（珍珠核心）开始变质， 这削弱了珍珠的品质且导致珍珠寿命不到 2 年（如果你买的珍珠，在如此短的时间内就开始变色，请立即归还珠宝商）。

一颗高品质珍珠需要至少在母贝内养殖 2–3 年，珠核才能被足够厚的珍珠层覆盖，从而赋予珍珠持久的美丽。但是在养殖期间，只要母贝体内的众多因素发生一个微小的相互作用，可能就会影响珍珠的最终外观，而且珍珠在母贝体内的时间越长，发生不利影响的概率就越大，且最终都会反映在外形和表面的完美度上。切记，珠核在珍珠层包裹之前，最好是圆滑的、光洁的。随着珍珠层的层层累积和覆盖，核心不断增厚，可能会变得越来越失圆，或畸形，甚至出现斑点。所以，短时间的养殖会产出个头较大的且表面光滑圆润的珍珠，但珍珠层太薄会使其寿命缩短；长时间的养殖会使珍珠层更厚、寿命更长，但很少有圆形完美、表面无斑的珍珠。这就是为什么品相佳的圆珍珠是如此罕见且昂贵。

在养殖期间，人们会对母贝进行持续地关注和照料，从而确保能够培育和产出最好的珍珠。但在养殖过程中需要非常精细和小心翼翼，即使满足所有的必需条件，一个小的因素也会影响最终的结果。母贝自身决定了珍珠的光泽度、形状、颜色、表面光洁度，等等。但养殖人员无法控制母贝是否接受植入体，无法控制母贝生成的珍珠品质，也无法控制或预防可以摧毁母贝的自然灾害：在它们的栖息地发生的台风、地震、病害，或其他“大自然的行为”。例如，由于致命的“赤潮”，日本遭受了巨大的损失；日本珍珠之都神户，在1995年几乎被现代历史上最严重的地震之一摧毁；印度尼西亚的南海珍珠生产也一直被频繁的地震困扰着；而美国的淡水珍珠产区由于早年附近的国道修建项目使用的石灰浸入水体而严重破坏。

虽然珍珠养殖者尽了最大的努力，并将先进的科学技术应用其中，但母贝能否产出珍珠以及珍珠的品质和价值，最终还是取决于母贝自身条件和外界自然环境。

圆形、壳珠核，用于产出养殖珍珠，产于田纳西的河流湖泊的软体动物壳切割成形。

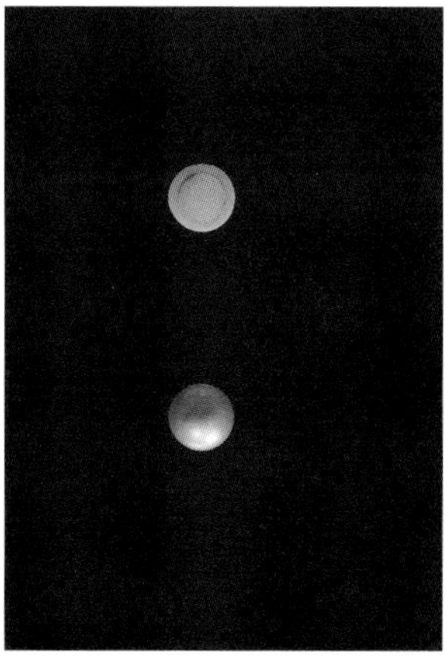

养殖珍珠，横截面显示细胞核内部。

美丽珍珠的生长周期

如上文提到的，一颗美丽的珍珠会经历很多年的培育，而养殖珍珠的养殖期（珠核移植入母贝体内后的时间）大约在 6 个月到 2 年间，或者更短。养殖期越短，珍珠层越薄；养殖期越长，珍珠层越厚，如果养殖期太短，珍珠的持久度会很低。注意不要购买珍珠层太薄的珍珠，在一些特殊的促销活动中，廉价珍珠的珍珠层就很薄，甚至已经开始碎裂、脱落。一定要仔细看钻孔附近有没有任何凿过的迹象，如果看到，千万不要购买这样的珍珠。这种珍珠的珍珠层会很快脱落，你买到的只是毫无价值的壳心，而不是珍珠（见第三部分第 5 章）。

养殖周期一直极具争议。在 20 世纪 20–40 年代，珍珠在母贝体内存在时间比现在长很多，通常在 5 年以上，那时的养殖珍珠都具有非常厚的珍珠层，但珍珠表面有可能出现较多的斑点。对于今天的珍珠养殖者来说，缩短养殖周期，不仅会降低生产成本和威胁母贝的自然风险，还可以减少珍珠的形状偏差和表面缺陷。珍珠养殖者需要权衡各项影响因素，养殖出性价比高、珍珠层厚薄合适、没有买卖风险而深受消费者喜爱的珍珠。

真正的“珍珠”占多少

天然珍珠和养殖珍珠的主要物理差异与实际的“珍珠”物质厚度相关，也就是珍珠层的厚度；珍珠层的厚度又与珍珠的大小、形状、外观和持久度有关。

就养殖珍珠而言，珠核的大小取决于珍珠的大小。在养殖珍珠生产中，大的珍珠要植入一粒较大的珠核，小的珍珠则植入一粒较小的珠核。生产一颗大养殖珍珠所需时间本质上与生产一颗小养殖珍珠的时间相同。

珠核植入通常始于 1 月份或 2 月份，11 月份则是珍珠收获时间。最大的珠核最先植入，这样能使它具有较长的养殖周期；最小的最后植入（有时是在几个月后），它们所需要的养殖周期较短。

养殖珍珠的产出过程则始于珠核，小珍珠的珠核较小，大珍珠则拥有一个较大的珠核；但即使是非常小的养殖珍珠仍然需要花费几年的时间培育软体动物，从而生产出一颗高质量的珍珠。天然珍珠都是珍珠层，没有珠核。由于生长过程通常开始是由一个很小的异物进入软体动物体内，所以天然珍珠的大小显示的是珍珠在软体动物体内的时间。小的天然珍珠通常在软体动物体内的时间较短，而大珍珠通常较长。

个体大、质量高的天然珍珠是地球上稀有的珍宝。请记住，在全世界所有的可产珍珠软体动物中，只有一小部分，且在独特的自然环境中，才能生成珍珠。此外，自然界中有很多因素会影响珍珠的品质，不是所有的珍珠都是高品质的、美丽的和有吸引力的。珍珠越大，就越有可能存在缺陷。对于养殖珍珠来说，珍珠在软体动物体内的时间越长，就越有可能在形状、表面形状完美度、珍珠层结晶等方面存在缺陷。而天然产珠贝更不易获得，潜水捕捞天然珍珠一直是非常危险的一项工作，常常以潜水员的死亡告终。潜水员毕生采珠，也只能得到少量的小珍珠。所有已知的高品相天然珍珠，包括著名的历史珍珠，都是少之又少。

现在世界各地仍有天然珍珠采集活动存在，包括库克群岛、巴哈半岛、波斯湾和美国的河流等；但在大多数地方，天然珍珠的母贝养殖地已被污染。发现或采集罕见的、个体大的和品相佳的天然珍珠对人们具有强大的吸引力，但大多数时候这仅仅是一个梦。一些知名的珠宝公司一直在寻求和获得好的天然珍珠，但这种珍珠比以往任何时候都更稀有。顶级的 15mm 圆形养殖珍珠虽然比天然珍珠常见，但是依然十分昂贵。无论天然珍珠还是养殖珍珠，通常个头越大越值钱。

养殖珍珠时，养殖人员会在软体动物体内植入几粒不同尺寸的母核，从而产生各种尺寸大小的珍珠。乍一看，这意味着可得到养殖人员期望的任何大小的珍珠，包括大尺寸的，但事实并非如此。只有一小部分，在独特环境下，才能产生美丽的高品质的珍珠，然而实际上，随着珠核大小的增加，优质珍珠收获的数量也会减少。这是随着珠核的增大，母贝在植入手术后的存活概率降低，更多的母贝会对珠核产生排异，以使收获的珍珠更少。此外，珠核越大，母贝要生产好颜色、好光泽、表面完美和形状规则的珍珠就变得越困难，这意味着珍珠收获率降低。这就是品质好的养殖大珍珠极为少见，以及大珠的养殖成本比小珠要高的原因。

你可以看到的差别，你看不到的差别

珍珠层的厚度影响珍珠的大小、形状、美观和持久度。天然珍珠是由珍珠（珍珠母）形成，而大多数养殖珍珠则是在珠核上覆盖珍珠层形成，珍珠层越厚，养殖珍珠越漂亮，这取决于珍珠层的结晶方式。

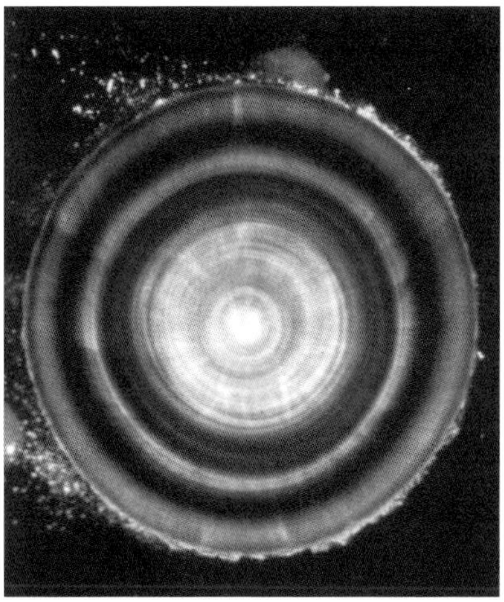

天然珍珠横截面，显示出珍珠层的同心圆

养殖珍珠横截面显示大核（注意核中条带）

很少有人能够分辨出顶级天然珍珠与具有厚珍珠层的顶级养殖珍珠的差别。在用光照射珍珠表面时，两者都具有丰富、深邃、强烈的珍珠光泽，也就是柔润的彩虹色“流彩”，也称为珍珠表面泛着晕彩。

总的说来，我们可以通过一些以上线索来认识天然和养殖珍珠：

·相似度。它们非常稀缺且供应有限，特别是随着尺寸的增大，天然珍珠的相似度可以忽略，珍珠项链通常包含不同尺寸、颜色、形状的珍珠。

· **颜色**。在颜色方面，天然珍珠通常比现在最好的养殖珍珠都要柔和。

· **外形**。在形状方面，天然珍珠很少出现真正的“圆形”，而对于现在的珍珠买家，买到的项链上的珍珠似乎都非常圆，令人惊叹。

偏好“养殖珍珠”可能意识不到自然的珍贵！

能欣赏如此罕见、美丽的天然珍珠的买家可能比珍珠本身都罕见。仔细想想，原因不难理解。自然界没有真正的“完美”，就宝石来讲，在过去人们更能接受这样的观点。天然珍珠就是如此。天然珍珠的差异比比皆是，这也赋予其罕见性，人们没有太多可选择的余地。就养殖珍珠而言，数量多，可供选择，人们更容易找到心仪的珍珠。

现在主导市场的是养殖珍珠， 而我们所期待的某一种珍珠“外观”，通常比天然珍珠具有更好的均匀性、白度、圆度和更大的尺寸，这在天然珍珠中几乎不存在。但具有讽刺意味的是，这种“期待”对天然珍珠的价值产生了负面影响。虽然天然珍珠比养殖珍珠罕见，但一串“小”天然珍珠的价值远低于更大的养殖珍珠。

我最近看到一个这样的例子：我见到一条华丽、高品质、高匹配度、高亮度，且富有光泽的圆形天然珍珠项链。这条非常罕见的项链有 34 英寸长，包含的珍珠直径范围在 6.7~7.65mm 不等（大多数超过 7mm），十分均匀，这种天然珍珠项链无论从大小、长度还是质量上来说都十分稀有。

这条项链代表着大自然最珍贵的宝藏。从天然珍珠的角度而言，这些珍珠个头都不算小，但与养殖珍珠相比，就算小的了。不过 65,000 美元的价格也不算低！现在，这样的项链却很难售出，这是因为很少有人能够猜出它是什么珍珠，或者能够欣赏它的重要性。

在养殖珍珠的时代到来前，这样的一条项链能立即找到买家，并被它的主人珍惜。而现在，具有讽刺意味的是，即便它非常好（那么白，那么匀称），却经常与养殖珍珠项链相混淆，而只能以一个低得多的价格卖出去（本身价值的 1/10）！人们可能知道一条“好”的养殖珍珠项链能值多少钱，但极少有人了解一条天然珍珠项链的价值，尤其是这种尺寸的珍珠项链的价值。让我们面对现实吧，大多数买家花一大笔钱在一件首饰上，是希望别人能认识到它的价值。只有行家会花大价钱购买这种尺寸的项链，即使这条项链可能比养殖珍珠项链的价格低得多，只有行家才会欣赏这样无价、罕见和美丽的自然瑰宝。我再也没见过有着这样长度的、整体质量、匹配度和尺寸都十分均匀的天然珍珠项链，我也无法想象能与之相媲美的珍珠项链何时何地被发现。

幸运的是这种情况已经开始改变。2004 年，在瑞士日内瓦，一条双层天然珍珠项链出现在拍卖行，这条项链所包含的珍珠直径范围在 8.5~16.3mm 之间，起始价为 3,000,000 美元。2007 年 10 月，一条小得多的双层项链（5.7~11.78mm），也是卡地亚有史以来最好的组装项链，以超过 1,000,000 美元在纽约拍卖。更值得一提的是在 2007 年 4 月，巴罗达珍珠，一条双层圆形珍珠项链，直径范围在 9.47~16.04mm，以超过 7,000,000 美元的价格在纽约拍卖，创造了一项新的世界纪录。

这样的价格预示着，人们越来越意识到天然珍珠的稀有和珍贵。

珍珠不均匀？可能是自然瑰宝

在养殖珍珠占主导地位的市场中，我们期待珍珠项链能拥有精确的匹配度，而且单颗珍珠都能具有完美的形状和表面平滑度，不“完美”或匹配度低的珍珠往往被假定为“质量差”的养殖珍珠。天然珍珠有的时候会被错过，那是人们没有意识到所面对的真正是什么。最近，我在一个拍卖会上按照质量差的养殖珍珠项链的价格买到了一条三层天然珍珠项链！它在目录中被描述为“养殖”珍珠项链，而且由于珍珠直径都不大（直径范围大约 4.5~7mm），没有人认为这条项链值得去做任何特殊的鉴定。我记得一位珠宝部门工作人员随后说，她不能理解为什么我如此兴奋，她觉得虽然珍珠是天然的，但性价比并不是很高；这里她所提到的性价指的是珍珠的尺寸和价值。也许对她来说，这条项链不那么重要，但对我来说它是非常特殊的，它展现出了养殖珍珠中几乎很少见的一个特质。我非常喜欢佩戴它，因为我知道它是真正罕见的。而且，我必须补充，我感谢养殖珍珠营销者创造出这个“养殖珍珠市场”，使得像我这样的人可以获得这样一个罕见的自然宝藏！每次戴上它，我能想象（以前）拥有像这样的一条项链得多富有和奢侈，我也不知道谁能拥有这些！

现在的珠宝拍卖会和展销会上，小的天然珍珠项链和包含小天然珍珠的珠宝往往被忽略，原因通常是缺乏均一性。因此，虽然最好的天然珍珠和天然珍珠项链主导了珍珠价格，但现在我们仍然可以在拍卖会上和私人手中，以非常有吸引力的价格获得许多较小的天然珍珠。如果你非常想拥有一条罕见的天然珍珠项链（记住，非常均匀的天然珠链很少见）那就请你忽略每颗珠子的均一性。

红宝石和钻石扣天然珍珠项链，拿破仑三世送给尤金（Eugénie）皇后的礼物。注意珍珠大小和形状的差异，其颜色也有明显不同。尽管如此，它仍然被认为是适合皇室的珍贵礼物。

如何从养殖珍珠中挑选天然珍珠

随着人们对天然珍珠的关注增加，以及对祖传的珠宝、古董增值兴趣的提升，人们开始更多地对其进行了解，并分析天然珍珠与养殖珍珠的区别。拍卖会和珠宝评估商手中天然珍珠价格的强劲上升似乎预示着珍珠收藏的光辉未来。

下面是鉴别天然珍珠和养殖珍珠的一些方法：

· **钻孔检测**。如果珍珠已经有钻孔，珠宝商或宝石学家通常可以很容易判定其是否为养殖珍珠。在检查多个珍珠时，我们可以用放大镜来仔细观察钻孔（一种珠宝商用的特别放大透镜），可见珠核与贝壳硬蛋白层之间的划分线，有时还会出现一条深色的线。但这不是所有珍珠都可见的，你可能只在特定的某颗珍珠上看到这一部分划分线。如果珍珠珠串打结较为紧密（如新串好的项链），你可能需要多尝试观察几颗珍珠，才能在珍珠和小结之间找到足够的空间来使用放大镜。当你看见了这个较暗的区域，你就可以确定这一定是一颗养殖珍珠。

注意：许多养殖珍珠会通过漂白的方式来去除褐色贝壳硬蛋白；不过，有极厚的珍珠层的养殖珍珠也是看不到这条线的。因此，如果你看不到这个深色区域，你还需要进行进一步测试。

钻孔的大小有时是一个重要指标。非常小的钻孔表明珍珠可能是“天然”的。由于重量可以体现天然珍珠的价值，人们在钻孔时通常十分谨慎，会尽量减小钻孔大小，从而减小珍珠重量和损失，以保持最大价值。

· **使用紫外线灯的长波紫外线波段（廉价的“黑灯”就可满足需要）来检查珍珠**。当被检测的珍珠钻孔不易观察或无钻孔时，通常人们会使用紫外线来检测未显示任何线的珍珠，紫外线还可以用于分辨天然“黑色珍珠”与人造染黑的珍珠。紫外线法在检测项链或手链时特别有用。在紫外线照射下，白色的养殖珍珠可能会呈现出强烈的、乳白色或青白色，而且这种反应会自始至终存在。对于天然珠串，在紫外线照射下，会显现珍珠与珍珠间的颜色强度变化。白色天然珍珠在紫外线下经常会出现棕褐色或淡黄色。自然色黑珍珠（天然或养殖）将发出褐色或红色荧光； 如果没有荧光反应（或白垩或参差不齐的黄白色反应），则表示珍珠是染色的。

·使用强光灯或光纤灯进行检测。将强光与珍珠在几个不同的方向进行直射，并慢慢在珍珠表面移动。以这种方式看的话，有时通过珠核珍珠层可以看到暗的平行线（特别是养殖珍珠很薄的珠层）；这些暗的平行线表明珍珠是养殖的。通过这种强光照射方式，你还可能会注意到一些橙色的、形状不规则、大小不一的斑点。这也是另一个表明这颗珍珠是养殖珍珠的迹象。

·通过 X 射线检测。通过前面介绍的几种方法检测珍珠，可以确定珍珠是不是养殖珍珠，然而，这样的测试无法用于鉴定像南海养殖珍珠或美国淡水养殖珍珠这样的未钻孔珍珠和有极厚珍珠层的养殖珍珠。在这种情况下，必须对珍珠进行 X 射线检测。

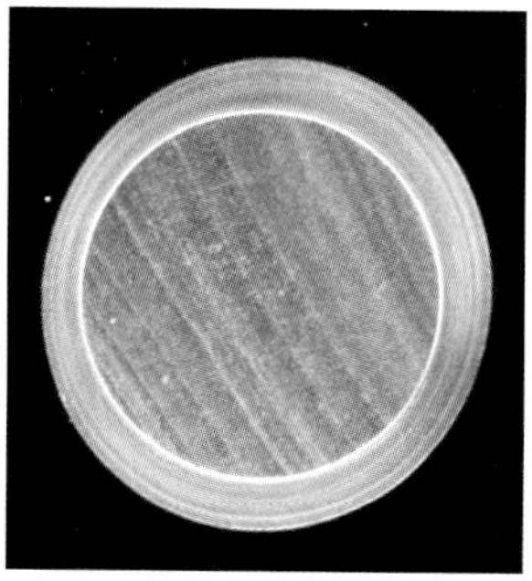

低质量薄珠层养殖珍珠核横截面的平行分区。此平行分区透过珠母贝珍珠强光检测时可见。

如果你认为拥有的是一串天然珍珠，但又心存疑虑，你可以交给一个可靠的宝石鉴定实验室来获取鉴定证书。通常用 X 射线来确认天然珍珠的真实性。如果你购买的珍珠标示为天然， 请确保其附带一个可靠的实验室出具的鉴定报告，或者你可以在得到鉴定报告后再行购买。不论珍珠有多么古老，主人是谁，或多么值钱，都一定要确定有真实的鉴定证书。

注意：一定要经过有经验的珠宝鉴定实验室的检测和认定。我就知道一些人在牙医或朋友那里对珍珠进行 X 射线检测并得到错误结论，从而付出高昂代价的例子。

养殖珍珠与人造珍珠

现今，珠宝商所说的“真正的”或“真的”珍珠，通常指的是养殖珍珠。这些珍珠就是你在珠宝店所看到的，除非另做说明，这也是本书主要阐述的珍珠类型。不过，根据美国联邦贸易委员会的指导方针，术语“真的”和“真正的”只能用于天然珍珠，针对养殖珍珠，则必须加上 “养殖”这个词。

人造珍珠与养殖珍珠的区别

天然珍珠和养殖珍珠是由河流、湖泊和海湾中的活软体动物产生的，而且外观也很相似。人造珍珠，即所谓的“人造”珍珠、“模拟”珍珠以及最近的“类养殖”珍珠，它们不是由活体动物产生的。在任何情况下，它们都不应该称为真正的或养殖的珍珠，人造珍珠从来没有在软体动物体内待过，它们是人工制成的圆形玻璃、塑料，或贝壳珠蘸上鱼鳞质和漆（称为珍珠精液），或是一种新型塑料的物质。将它们与养殖珍珠对比一下，通常马上就可以看到区别，最明显的区别之一是光泽。做一个光泽度测试：养殖珍珠的光泽是有深度的，而人造珍珠则没有。人造珍珠通常只有表面“闪光”，但没有内部“发光”。并排观察优质的养殖珍珠和人造珍珠（远离直射光），你就会发现区别。

使用“牙齿测试”鉴别人造珍珠

现在有一些人造珍珠非常令人信服，甚至存在部分被误认为是优质养殖珍珠的例子。大多数情况下，一个简单、可靠的“牙齿测试”就可以分辨出二者的区别。轻轻沿着牙齿的边缘滚动珍珠（上面的牙齿更敏感，请注意，测试时请不要使用假牙）。真珍珠有着温和的摩擦感或沙粒感（像海边的沙粒的感觉——珍珠来自海洋），而人造珍珠非常平滑。找一颗养殖珍珠用这个方法试一次，你就知道两种珍珠的不同感觉，这种感觉你永远都不会忘记。

然而，牙齿测试对于非专业人士在测试mm级人造珍珠时并不完全可靠；对于专业人员，人造珍珠的外观与养殖珍珠有明显的不同之处，但对普通人，通过牙齿测试进行判断就有失误的可能。在放大镜下仔细检查你就会发现高质量的人造珍珠的“精细”表面与养殖或天然珍珠的光滑表面是不同的。一位经验丰富的珠宝商或者宝石学家可以快速、轻松地给你指出其中的差别。

4 / 不同类型的珍珠：珍珠与气场

历史上从来没有不流行珍珠的时期，现在也不例外，它们可以在任何地方搭配任何风格佩戴，你也可以从早到晚都戴着。当你穿运动装时，它们让你看起来显得聪明、有趣；当你穿着职业套装时，它们能为你增添“决策”感；即使你穿着最迷人的晚礼服时，甚至能给你带来一种优雅的感觉。只要一提到“珍珠”，许多不同的画面可能会涌上你的心头。比以往任何时候，现在有着更多类型的珍珠供你选择。它们有着各种各样的颜色、形状、大小和广泛的价格。根据你的需求，购买珍珠时，你可以花费不到 100 美元，或甚至超过 1,000,000 美元！

有面向“甜蜜 16 岁”的简单珍珠；有增添婚礼魔力的浪漫珍珠；有给人正式感的经典珍珠；有私人定制珍珠；有标志重要时刻的“重要”珍珠。同样，像钻石、红宝石、绿宝石、蓝宝石一样，也有适合每个年龄段、每一种场合、每一种风格以及每种预算的珍珠。

面对如此多种可能性，从何处着手往往令人不知所措，但其实大可不必如此。关键在于知道选择什么类型的珍珠，如何比较、辨别它们的质量。

由于产出珍珠的牡蛎不同，珍珠所处环境各异，以及养殖技术的不同，珍珠的种类也各不相同。通常可以划分为海水养殖珍珠和淡水养殖珍珠两类。如果按照颜色进行分类的话，可以分为白色珍珠类，这些珍珠颜色范围从粉红到银白色、黄白色等，以及彩色珍珠类，其中最著名的如黑色养殖珍珠、深黄色和金色的养殖珍珠。还可以按照圆度和形状进行分类，从技术上来说，巴洛克珍珠就是任何不圆的珍珠；就巴洛克珍珠而言，又可以分为对称或不对称两种。与圆珍珠比起来，有的对称巴洛克珍珠可能非常昂贵，而不对称的巴洛克风格通常比圆形养殖珍珠更便宜。

有着各种各样的颜色、形状和大小的养殖珍珠

在这一章里，我们将从总体上来对这些不同分类的珍珠进行讨论。在第四部分第 8 章我们将探讨世界领先的珍珠产地，并对所产出的珍珠进行比较。

海水养殖珍珠

如今，养殖海水或“海洋”珍珠的界定根据世界各地的产珠牡蛎地区来划分，包括澳大利亚、中国、库克群岛、斐济、法属波利尼西亚、印度尼西亚、日本、韩国、马来西亚、墨西哥、菲律宾、泰国和越南。其中最有名的“白色”

珍珠是日本“akoya”珍珠（经典的圆形、白色珍珠）和大一些的“南海珍珠”。在彩色珍珠中，最著名的是来自如大溪地（又译塔希提）和库克群岛等天然黑色养殖珍珠。

19世纪50年代，养殖珍珠指的就是日本的“akoya”珍珠，Mikimoto拥有大部分的牡蛎养殖场（大约12,000,000只牡蛎），世界上约75%的养殖珍珠都由他来供应。然而，自进入20世纪60年代以来，养殖珍珠的生产开始逐渐扩展到日本其他水产养殖者和世界其他地方。

被称为akoya珍珠的经典白色圆形养殖珍珠，由M.Kondo设计的获奖胸针。

虽然珍珠在海水或淡水软体动物中的养殖过程基本上是相同的，但对圆形养殖珍珠而言存在着一个重要的区别：养殖淡水“爆米花”形珍珠时需要单独植入一块覆盖组织，而养殖圆形珍珠时除了覆盖的组织外，还需要植入一粒圆形的“珠”核。外部植入后，很多母贝会出现排异或死亡；余下的母贝也有可能会在收获前死亡。只有30%～35%的牡蛎会产出珍珠，而产出的珍珠只有非常小的一部分能达到品质优良。

海水养殖珍珠价格高于淡水养殖珍珠。你可以想象，海水养殖珍珠的成本和存在的风险更大。它们比大多数淡水珍珠养殖成本更高，尽管美国淡水养殖珍珠的生产成本也很昂贵（见第四部分第8章）。成本高是为了获得和制造圆形珍珠的壳核；劳动成本高是用于支付技术熟练的养殖人员；更高的成本来自收集和养殖数量巨大的“幼年牡蛎”，以确保成熟牡蛎的数量。只有足够数量的牡蛎才能更好地保证珍珠产出的数量和质量。

然而，造成成本差异的最重要原因还是与珍珠产出的数量有关，简而言之，由供给和需求决定。单只海水牡蛎通常只能生产出一颗或两颗大珍珠。在美国淡水养殖珍珠生产过程中，一只牡蛎一次只能生产1–5颗珍珠。相比一下，在中国和日本，一只淡水贻贝一次可以产出40–50颗珍珠。

淡水珍珠

世界上最珍贵和最美丽的一些珍珠都是天然淡水珍珠。都非常昂贵，价格甚至可以与天然海水珍珠的价格相媲美。比起天然海水珍珠，淡水珍珠通常更白，光泽往往更强烈，罗马人特别喜爱这种珍珠。据说罗马军团曾经冒险入侵英格兰的唯一原因，是寻找在苏格兰发现的罕见粉色淡水珍珠！

淡水养殖珍珠

淡水养殖珍珠生长于湖泊和河流的淡水蚌中。最著名的淡水养殖珍珠之一是日本琵琶珍珠（以日本琵琶湖的名字命名），是最好的和最美丽的淡水珍珠之一。其形状通常为椭圆形、桶形和硬币形。虽然术语“琵琶”应该仅用于从日本琵琶湖出产的淡水珍珠，但通常也用来指代其他地区的淡水珍珠；由于几乎所有的优质淡水珍珠都在日本琵琶湖产生，已成为几乎所有淡水珍珠的一个通用标签。不幸的是，日本琵琶湖的珍珠现在几乎已经停产，而中国淡水养殖珍珠被送往日本，并作为 “琵琶珍珠”出售。

如今，许多国家都在养殖淡水珍珠，占主导地位的主要是美国、日本和中国。通常使用蚌形软体动物来进行养殖，且养殖淡水珍珠的过程大多不需要壳核。相反，人们采用覆盖组织移植技术来激活珍珠囊以便于大规模生产。养殖淡水珍珠所用的珠蚌通常要比生产 akoya 珍珠所用的大。因此，单个软体动物可以产出多达 50 颗珍珠。以这种方式养殖的珍珠通常个头很小、细长，且价格非常便宜。然而，从本质上说，由于只使用覆盖组织，它们完全是由珍珠层构成的。优质淡水珍珠非常可爱，也更值钱。它们能以各种各样的颜色和形状出现。根据珍珠品质不同，其光泽度或高或低。日本和中国都是这种类型珍珠的主要产地。

然而淡水养殖珍珠的外观正在发生变化。现在产出的淡水养殖珍珠通常直径在 7~9mm 及以上的非常可爱的圆形全珍珠层淡水养殖珍珠。在某些特定情况下能生产出直径 15mm 的珍珠，最好的甚至可以与罕见、昂贵的南海养殖珍珠相比较。圆形淡水珍珠养殖涉及更复杂的技术，包括植入工序。现在虽然珍珠生产过程中使用了许多种技术，但是真正使用的技术严格保密。一些牡蛎包含由覆膜组织或由便宜的全珍珠层“爆米花”形淡水珍珠构成的圆形植入物。这些牡蛎生产出的就是全珍珠层的圆形珍珠。其他一些牡蛎包含贝珠，可以生产出以类似海水珍珠的生产方式的珍珠品种。不幸的是，当你在购买珍珠时，无法确定珠核是什么类型。所以在你购买昂贵的、又大又圆的淡水珍珠时，我们建议提交给实验室进行珍珠层厚度测定，以防买到有珠核的类型。

中国是这些可爱珍珠的主要产地，不过，日本也已经开始在 Kasumiga 湖生产光泽强烈的粉色圆形养殖淡水珍珠，它们的名字由此得来——“Kasumiga”

淡水蚌中含有大约 30 颗淡水珍珠。珍珠收割后，这个珠蚌将放回到水中以进行另一次珍珠生产。

使用罕见的“X 形”琵琶湖珍珠制作的项链。

养殖珍珠（见第四部分第 8 章）。我们也希望在不久的将来看到大量的圆形美国淡水养殖珍珠的产出。圆形淡水珍珠比其他类型的淡水养殖珍珠更昂贵，但通常比少见的圆形海水珍珠便宜。

跟天然珍珠一样，养殖淡水珍珠也会出现许多有趣的形状，事实上，出产密西西比河和其他附近的河流和湖泊的天然“天使之翼”珍珠是非常具有收藏价值的。淡水珍珠养殖商也会养殖一些特殊形状的，如十字形、条形和硬币等珍珠。这些形状被称为“花哨”的形状。

淡水珍珠有着各种各样的颜色（颜色比圆形海水珍珠更广泛），这也赋予了独特的魅力。其颜色由浅至深，包括浅色、暗橙色、淡紫色、紫色、紫罗兰、蓝色、玫瑰、灰色等。颜色不寻常的天然大淡水珍珠价格非常昂贵。无论是天然淡水珍珠，还是养殖淡水珍珠，都有可能是染色的。所以在购买淡水珍珠的时候，请一定要询问颜色是不是天然的。

淡水珍珠的另一个有趣的特性是，可以单独佩戴，也可以颜色交替搭配佩戴；可以直接佩戴，也可以扭曲成独特的样式进行佩戴。除了多种颜色可供选择，绝大多数养殖珍珠价格低廉，人们可以购买多条珠串，并搭配出各种不同风格的佩戴效果。

美国淡水养殖珍珠

典型美国风格

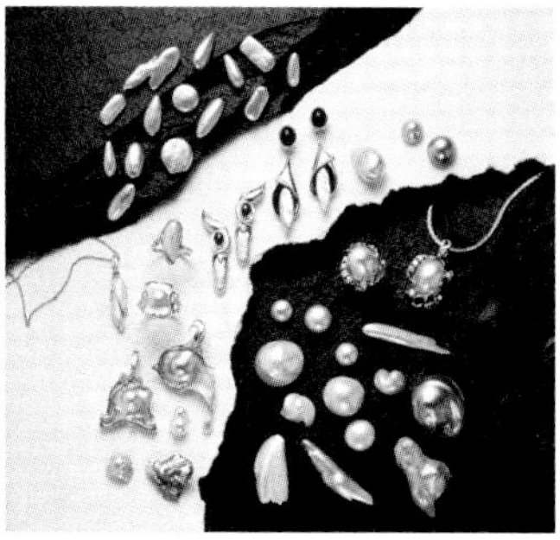
美国淡水养殖珍珠

世界上没有其他任何地方出产的珍珠跟美国淡水养殖珍珠相类似。它们并不是我们所认为的典型的圆形白色珍珠。它们只存在于美国的河流和湖泊的软体动物体内，由于养殖方法截然不同，拥有着只属于它们自己的外形。田纳西州是这些美国“美人”的主要产地，也是世界其他所有地区用于制造有核养殖珍珠的贝珠来源。

美国淡水养殖珍珠是利用经多年发展形成的非传统淡水养殖技术培育而

来的。与其他淡水养殖珍珠相比，最明显也是最重要的区别在于，采用像海水养殖珍珠一样的珠核植入方式。虽然在这里使用的是淡水软体动物，但结合非传统的珠核植入方式，这样一来，就生产出美国淡水养殖珍珠这种外观与其他养殖珍珠明显不同的珍珠。

与生产其他养殖珍珠相比，生产美国淡水养殖珍珠时，珍珠在软体动物内待的时间要长得多，比起大多数海水养殖珍珠不到 12 个月的培育时间，美国淡水珍珠需要花费 3–5 年的时间，不过这也使得珍珠层比其他珍珠更厚，并拥有只在最优质的海水养殖珍珠和天然珍珠中所呈现的光泽度和晕彩。

另一个重要区别在于，美国淡水养殖珍珠不会经过染色，漂白或增强等人工处理（见第三部分第 6 章）。这也使美国淡水养殖珍珠在许多方面比其他类型的养殖珍珠更像天然珍珠，包括寿命；美国淡水养殖珍珠的美丽持续时间比大多数现在生产的海水珍珠还要长。当然，这也意味着，与天然珍珠一样，它们在颜色、形状和表面洁净度等方面会存在明显差异，因此匹配起来也会更加困难。这些珍珠是为那些能够享受、欣赏和珍视大自然造物时所产生的微妙差异的人而存在的。

虽然美国淡水养殖珍珠比海水养殖珍珠便宜，但成本却高于其他大多数淡水养殖珍珠。美国淡水养殖珍珠有着其他类型珍珠所没有的独特形状，例如硬币形、棒形、马克萨斯形状，以及类似于马贝珍珠的圆穹顶形。

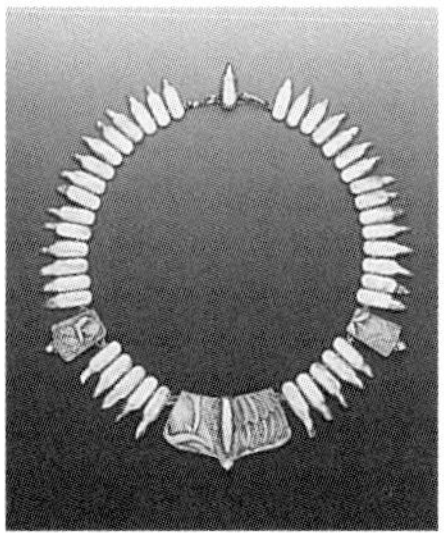

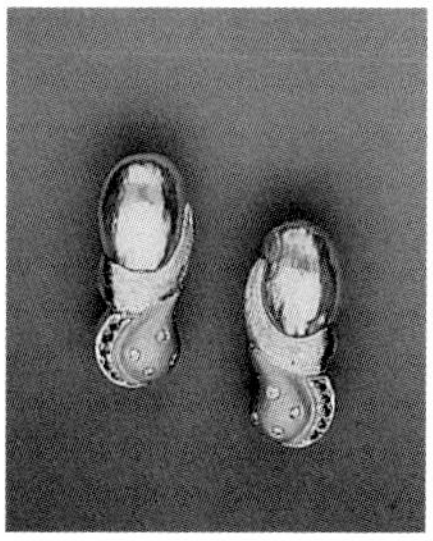

使用美国淡水养殖珍珠构成的独特珠宝：一条由“棒形”和“鱼雷形”珍珠构成的项链；一串“硬币”形珍珠构成的手镯，和美国“凸面宝石”养殖珍珠美国的最新创作之一。

巴洛克珍珠

大多数人都认为巴洛克珍珠是一个珍珠的品种，其实“巴洛克”这个词，实际上指的是珍珠的形状，而不是品种。在此，我们可以简单地了解一下。最罕见的珍珠通常都是圆形珍珠，高品质的圆形珍珠通常价格不菲。从专业角度来说，任何非圆形的、有着有趣的不规则形状的珍珠都可以称为巴洛克珍珠。既可以由海水软体动物产生，也可以由淡水软体动物产生；既可以是天然的，也可以是养殖的。

巴洛克珍珠具有非常美丽的色彩和耀眼的光芒，这是由珍珠层中的“池”（巴洛克形状创建的一个区域，在这个区域中珍珠层可以聚积，并且比珍珠的其他部分更加深入）所形成的，同时这也构成了一种独特吸引力。巴洛克珍珠不应与仅仅是“不圆”的珍珠（这是人们最不想要的形状）混淆。“巴洛克”珍珠有两种——不对称和对称。

· **不对称巴洛克珍珠**。不对称巴洛克珍珠由于独特、不规则的形状，比起对称巴洛克珍珠更常见且价格便宜得多。它们具有吸引人的价格和有意思的特征，再加上通常较大的尺寸，捕获了无数设计师和珍珠鉴赏家的想象力。如今它们非常受欢迎。

· **对称巴洛克珍珠**。虽然我们常将“椭圆形或泪滴形”等珍珠划分在“巴洛克珍珠”这一类中（因为不是圆形的），但由于稀有度、外形的对称性以及自身的完美程度不同，一对对称的巴洛克珍珠可能和最圆的珍珠价值一样，更有甚者，超过了圆形珍珠。

纽扣珍珠是一种由海水或淡水软体动物产出的天然对称珍珠。养殖纽扣珍珠主要是由海水的牡蛎产出，但市场上也有一些来自中国的淡水养殖纽扣珍珠。人们因纽扣珍珠奇特、有趣的形状而去寻找。它们有着平坦的底部和圆形的顶部，就好像天主教皇所佩戴的“南瓜”形状的帽子。它们可以用于制作讨人喜欢的耳环和戒指，价格也比圆形珍珠便宜。不过根据形状、尺寸以及其他一些因素的不同，价格也可以变得很昂贵。

一条拥有一颗华丽的澳大利亚南海巴洛克珍珠的独特项链。

高度对称的梨形珍珠和不规则“泪滴”形的巴洛克珍珠。

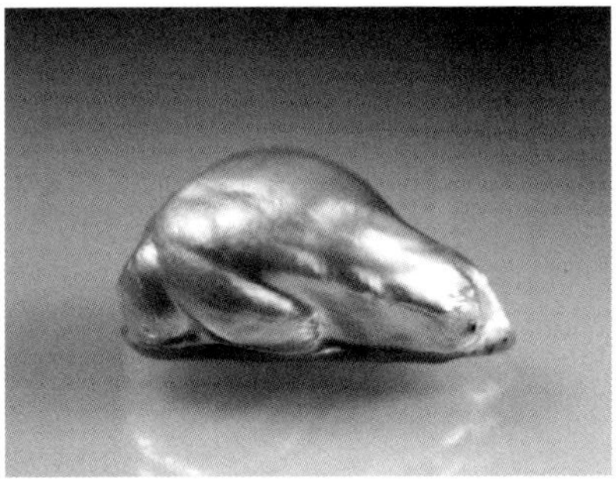

一颗有趣的烤鸡造型的巴洛克珍珠。

纽扣珍珠。

不同种类的海水和淡水珍珠

马贝珍珠

马贝珍珠（MAH-bee or mah-BAY）是一种半圆形珍珠，这些珍珠形状各异，其中较为常见的形状有圆形和梨形。相比其他珍珠而言，马贝珍珠虽

形状、大小不一的马贝珍珠

然价格便宜，但却有着更大更吸引人的外形。然而，它们也更易碎，因此在佩戴和加工时需要多加小心。

马贝珍珠是通过将一块半球形的塑料插入贝壳内壁后组合而形成的。在插入完成后，牡蛎会在这块塑料上不断包裹上珍珠层，将由此产生的珍珠从贝壳上分离出来后，同时将塑料移除（因为塑料不会黏附在珍珠层上）。接下来，先是用环氧树脂填充所剩下的空心珍珠层“气泡”，再贴上珍珠母。

马贝珍珠并不像水泡珠那样持久耐用，因此在我们佩戴或者处理马贝珍珠时需要格外小心。为避免划伤，请一定记住用柔软的布将它们包起来，并且与其他珠宝分开存放。

我们在选择马贝珍珠时，非常重要的一点是，一定要选择那些拥有较厚珍珠层的珍珠。我们可以从珍珠的光泽度来进行选择判断——如果珍珠呈现非常柔和的彩虹色和较高的光泽度，通常表示这些珍珠拥有更厚的珍珠层；而如果珍珠呈现苍白的颜色，则表示珍珠层较薄。对马贝珍珠来说，珍珠层越薄，也就越脆弱——如果珍珠层太薄，珍珠很容易就会开裂或者脱落。用马贝珍珠制作的耳环和戒指很受人们喜爱和欢迎，但是相比其他珍珠而言，马贝珍珠更易碎，因此我们并不推荐用它们来制作戒指。

固体水泡珠

水泡珠，例如美国穹顶是一种类似于马贝珍珠的半圆形珍珠，不同的是它们并非组合而成的，而是在美国田纳西州的淡水湖中养殖培育出来的。水泡珠有几种不同的形状，当珍珠移除时，根据所保留下来的珍珠衬不同而形成的珍珠母边缘的不同，使得它们有着自己独特的外形。这些珍珠外表光泽度高、色泽分明，同时呈现出五彩缤纷的颜色。虽然它们比马贝珍珠更昂贵，却更持久耐用。

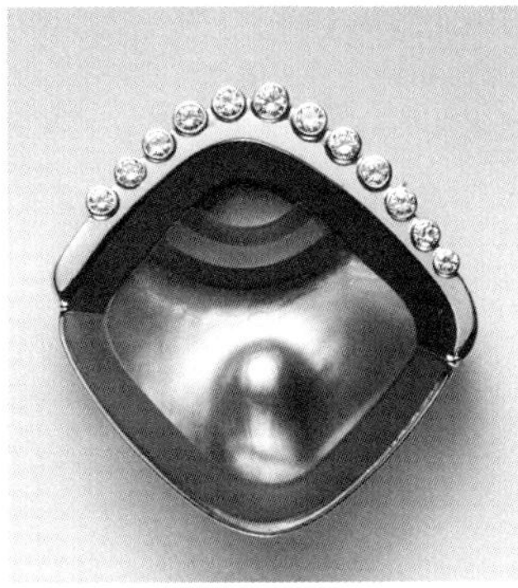

Ellen Bear设计的获奖胸针，中间为美国穹顶珍珠

子珠和吉树珠

子珠是一种非常小的圆形天然珍珠，通常直径在2mm以下。如今，子珠已经非常罕见，只能在古董首饰珠宝中见到。有时为了保证某一需要大量珍珠的特别珠宝设计创作，或者为了去除珍珠自身的瑕疵和畸形部分，我们会将子珠一分为二，这些半圆珍珠要比完整的子珠便宜。淡水和海水软体动物均可以产生子珠。

吉树珠，也被称为“运气”珍珠，是一种非常有意思的珍珠，大部分吉树珠是巴洛克式的，是海水牡蛎养殖珍珠生产过程中意外产生的。有时候，牡蛎会排斥珠粒植入物，但是附着在珠粒表面的外套膜组织颗粒留在体内，这些外套膜组织不断刺激牡蛎生产珍珠层，从而形成了我们所见到的奇妙又有趣的吉树珠。

虽然从本质上说来，吉树珠跟天然珍珠一样，但不同寻常的地方在于，所有的珍珠层都是纯天然的。在专业人士中，关于能否称为天然珍珠还存在着非常激烈的争议。因为它们更多的是养殖珍珠时出现的意外产物，而不像野生天然珍珠那样更具价值和稀有性，从这个角度来看，叫它们“天然”珍珠是容易令人误解的。但无论你怎么称呼它们，与天然的巴洛克珍珠相比，它们在任何方面都毫不逊色。日本产吉树珠通常个头很小。“Keshi”这个词实际上来自日语，代表细小的颗粒，日本人常常将一串串的吉树珠形容成一串串的“罂粟”种子，这个比喻很形象，但微小的吉树珠可能会跟天然子珠混淆。有一段时期，有20–50甚至上百颗这些珍珠串联起来形成的项链并不少见，这些珍珠被如此微妙地连接在一起，看起来就如同丝织品般顺滑。它们稀少且昂贵，有的时候，为了穿成某些珠串，甚至需要花上 10 年时间才能收集到足够数量的珍珠。在利用自动化技术来收获珍珠的今天，吉树珠却不见踪影。

然而如今，凭借着更大的尺寸（直径范围一般在 9~10mm 之间，甚至更大），南海吉树珠吸引了众多收藏家的目光。大多数南海吉树珠形状是不规则的巴洛克式，偶尔也会出现一些真正“圆形”或者“对称”的形状。南海吉树珠有着许多不同寻常的形状，多数是长圆形的，是设计师进行个性首饰创作的灵感来源。它们颜色各异，从银白色到奶油色、灰色到黑色、黄色到金色，甚至有些还呈现淡紫色和紫丁香色色调。南海吉树珠最突出的特点之一，是具有非常强烈的光泽感和五彩斑斓的颜色，比起平日所见到的最好的圆形养殖珍珠要好得多。

吉树珠在欧洲和中东地区都非常受人欢迎。穆斯林格外喜欢吉树珠，因为它们和天然珍珠一样是纯天然的产物，但相比天然珍珠价格更低廉。

令人惋惜的是，日本和南海的吉树珠生产都在慢慢减少、消失。在自然情况下，牡蛎只会产生一定数量的珍珠层。吉树珠的产生需要消耗珍珠层，这就使得由同一个牡蛎生产的养殖珍珠所能获取的珍珠层变得更少。这也意味着，随着吉树珠的产生，会相应减少优质圆形养殖珍珠的产量。因此，养殖珍珠珠农一直在努力提升养殖技术，以减少吉树珠的产生。但当他们成功减少这些“机会”珍珠的数量时，也就减少了吉树珠的数量。可以预见的是，在未来几年里吉树珠数量将会变得更加稀少，这一点引起了鉴赏家的密切关注。如果你也渴望有一天能拥有自己的吉树珠项链，请不要再等待，这些精致纯天然的珍珠，有一天，可能也会变成“明日黄花”。

来自路易十六世的子珠项链，包含超过 125,000 颗子珠

有些珍珠买卖商人把某些纯天然的中国淡水珍珠也称为吉树珠，但实际上并不是，它们缺乏稀有性，也达不到吉树珠的价格。

螺纹珍珠

白色南海养殖螺纹珍珠

我们把表面环绕着同心圆的珍珠，称为螺纹珍珠或者环形珍珠。任何种类的珍珠表面都有可能出现环绕同心圆。螺纹珍珠就是这样一种既有趣又奇特的珍珠——从上到下环绕着数不清的同心圆。螺纹珍珠的形状通常是近圆形或者巴洛克形的，但价格比圆形珍珠或者对称巴洛克珍珠便宜。螺纹珍珠，尤其是那些产自南太平洋的螺纹珍珠有着一种独特的魅力，它们有着各种不同的颜色，从白色、灰色到黑色，甚至紫红色，因此常常被运用在珠宝设计中。珠宝艺术设计师在进行创作时，常会把螺纹珍珠当作一种奇妙而又激动人心的选择。

半圆珍珠

半圆形珍珠（不要与前面介绍的马贝珍珠相混淆）通常很小（直径2~3mm），是为了用作边缘装饰而将整颗珍珠一分为二形成的，通常将它们用作配石，在浮雕四周或主要宝石的周边环绕镶嵌而起到装饰作用。它们物美价廉，并可带来一种可爱的效果。

馒头珠

虽然馒头珠给人留下一种圆形珍珠的印象，实际上并不是真正圆形的。它们可以是天然的，也可以是养殖的；可以是淡水珍珠，也可以是海水珍珠。

你很难确定所拥有的是一颗正圆的珍珠还是一颗馒头形珍珠，因为它们通常镶嵌在底托中来隐藏其底部，并给人一种正圆珍珠的错觉。

馒头形珍珠可以在两种情境中的一种下产生：通过把一个3/4圆珠核（类似于马贝珍珠，这种方式也是将把圆珠核扁平的一面靠在软体动物的壳上，但不同的是珠核是实心而非空心）插入贝壳内部，或者把一颗为消除缺陷或不完美形状而切掉一部分的圆形养殖珍珠插入贝壳内部，它们在贝壳内部某一边生长，形成馒头形固体养殖水泡珍珠。跟其他养殖珍珠一样，它们的颜色和尺寸不一——通常直径在8~15mm之间——呈现各种不同程度的光泽。馒头形珍珠的价格比圆形珍珠要便宜得多，在相同价格下，有些人会更倾向于选择更大的馒头形珍珠而不是真正的圆形珍珠。

注意：请对任何镶嵌在底托且价格特别优惠的大珍珠保持警觉；它可能是一颗馒头珍珠。这种方式常见于耳环制作中。

前面我们介绍了海水珍珠与淡水珍珠的区别，接下来，将从养殖珍珠的大类来进行分别介绍，主要分为“akoya”“南海珍珠”和“黑珍珠”三种。例如，我们可能会见到“akoya”纽扣珍珠和南海吉树珠等。

akoya 珍珠

在任何时候人们只要提起“珍珠”二字，脑海中总会马上浮现出一种富有光泽的、圆形白色珍珠形象，这就是akoya珍珠给人的印象。akoya珍珠是由马氏珠母贝生产的（也叫Pinctada fucata），人们对akoya珍珠充满渴望，因为比起大多数其他珍珠，最好的akoya珍珠往往拥有更理想的圆形形状，并散发出绚丽的光泽。遗憾的是，对那些喜欢大珍珠的人而言，很少能遇见直径超过 10mm 的 akoya 珍珠，即使超过了 10mm，其高昂的价格也只能让人望而却步。akoya 珍珠最早起源于日本——现在仍是世界上最好的 akoya 珍珠产地。同时，中国已经成为 akoya 珍珠的主要产地。

优质 akoya 珍珠

南海珍珠

南海珍珠是一种体型非常巨大的白色豪华珍珠，常被人称为养殖珍珠中的“女皇”。由一种异常巨大的叫作大珠母贝的海水牡蛎生产出来的。如今，这种牡蛎生产的所有珍珠都被称作“南海珍珠”。它们大部分培育在澳大利亚、印度尼西亚和菲律宾的水域中。缅甸曾经以能生产出罕见的、最好的和最有价值的“南海珍珠”而闻名于世。最好的缅甸养殖珍珠一度拥有丝绸般的光泽并呈现出漂亮的粉白色，这是任何其他南海珍珠所无法比拟的。这些缅甸养殖珍珠还会在私人收藏或者拍卖会中出现。近年来，由于缅甸复杂的政治局面，使得珍珠养殖工人人数减少，质量控制受到扰乱，缅甸珍珠的品质不断下降。如今，缅甸珍珠已不再像以前那般耀眼，与其他南海珍珠相比已不再具有优势，还常常与它们混杂在一起进行买卖交易。

生产南海珍珠的牡蛎比普通日本牡蛎要大得多，大多直径达到了 1 英尺甚至更多。如今，好的南海珍珠总是很少见且很昂贵，重要的原因之一是生产南海珍珠的牡蛎是一种非常罕见的野生牡蛎，而且也无法保证其稳定的供应（用于生产其他种类珍珠的商业产卵方式在这里不是很成功）。南海珍珠的尺寸通常从 10mm 开始并往上增加。平均直径在 10~14mm。若直径超过 16mm 的话就可以认为是非常大的珍珠了。比起其他珍珠，南海珍珠所需要的养殖时间更长，同时珍珠层也更厚。比起它们的日本“对手”而言，这意味着它们通常不会圆得那么完美，尺寸也会小一些，即使这样，它们还是非常漂亮和昂贵的。最少见、最昂贵的珍珠颜色是暖粉白色，银白色的南海珍珠同样很昂贵，但需求量更大。此外，还存在着黄白色的南海珍珠，但这些珍珠就不那么受欢迎了，价格也要便宜得多。而拥有“花哨”的黄色（真正的黄色，绝不会跟白色或黄白色混淆）和其他各种色调——包括“金色”色调的南海珍珠，也非常受人追捧。品质优良的南海珍珠很稀缺，而且比其他珍珠要昂贵，但它们拥有比其他任何海水养殖珍珠都厚的珍珠层，并且能世代相传。

黑珍珠

黑色养殖珍珠是天然存在的大珍珠，颜色从灰色到黑色，通常直径在 8mm 以上，平均直径在 11~12mm。只有极少数黑珍珠直径能达到 20mm。从专业角度来说，是一种南海珍珠，由南太平洋泻湖的一种特殊的珠母贝牡蛎——马氏珠母贝生产。马氏珠母贝是一种大型黑唇牡蛎，平均尺寸可以达到 10~12 英寸，同时也是第二大生产珍珠的牡蛎（最大的是大珠母贝，生产大型南海白珍珠和金珍珠）。马氏珠母贝盛产于法属波利尼西亚地区的泻湖区域，但在某些特定地区，人们偶尔也能见到它们的身影。大溪地是世界上最大的天然黑珍珠产地（这就是黑珍珠通常也被称为大溪地珍珠的原因）。库克群岛也是非常重要的黑珍珠产地，近年来，越南也开始养殖天然黑珍珠。

需要注意的是，高品质天然黑珍珠通常是很罕见且昂贵的，因此请不要将它们与人工着色的黑珍珠相混淆。

黑珍珠世界的新成员——养殖珍珠培育理解的挑战

一种令人兴奋的天然黑珍珠进入了人们的视线并且引起了轰动！这种黑珍珠需要通过雕刻的方式来呈现出一种与珠核的彩色宝石形成的鲜明对比色。与大家百余年来的一贯做法不同，这种技术使用的是产自淡水蚌壳的白色珠贝——这些珍珠包含一种彩色宝石作为珠核。目前所用到的彩色宝石包括黄水晶、紫水晶和天蓝色绿松石。这些宝珠的颜色与黑色珍珠层表面颜色形成的强烈对比，构造出一个令人惊叹的组合。

这个养殖珍珠界的可爱新成员是由一位名叫 Chi Galatea Huynh 的年轻越南艺术家创造的，他致力于通过雕刻珍珠来突出天然之美。有一天，当 Huynh 在雕刻一颗来自大溪地的黑珍珠时，由于用力过猛刻得太深，使得珍珠里面的白色珠贝露了出来。他为损坏了一颗美丽的珍珠而感到遗憾，同时，这也给了他一个新的启发。他喜欢上了这种强烈的颜色对比，并且开始考虑其他材料是否也可以用来培养黑珍珠。他跟黑珍珠养殖商沟通了这一想法，却被告知那是不可能的，但他并未放弃，而是回到了越南，开始养殖马氏珠母贝，并在法国朋友 John Rere 和 Bruno Bachenis 的帮助下，开始尝试用各种不同的材料作为珍珠的珠核。然而，当地珍珠养殖户并不看好他的尝试，坚持认为他所做的一切都是不可能的，养殖珍珠只能由来自贝壳的珠核形成。

数百年来，人们在培育圆珍珠和采用不同物质做珠核的道路上不断尝试，却不断失败。终于，Mikimoto 和其他早期先驱成功了！确定需要采用何种物质作为珠核——连着一片外套膜组织的贝珠——对这项成功起着至关重要的作用。从没有人成功地通过海水牡蛎利用除壳核外的物质培育出圆形珍珠。但是 Huynh 并没有放弃，他最终实验成功并且从此创造出这种不同寻常的美丽珍珠。

人们称这些雕刻黑珍珠为“慈悲的珍珠”，现在可以利用黄水晶、淡紫色到紫色的紫水晶和天空蓝绿松石培育出来。相信在不久的将来，利用其他宝石生产珍珠也将成为可能。有的珍珠还会采用钻石作为珠核，为这些感性的产物更添闪亮的元素！

虽然 Huynh 不会透露他的秘诀，他已在前人未曾成功的领域取得了突破。他的成就挑战了关于珍珠形成方式的传统思维，也为勇于尝试的人打开了继续前行的大门，让我们拭目以待，看看他的探索将会走向何方。

金色珍珠

金色珍珠是一种南海珍珠，主要产自菲律宾和印度尼西亚。和白色南海珍珠一样，天然金色珍珠也是由大珠母贝生产的——金纯大珠母贝。这些珍珠个头很大，直径范围约 8mm 到超过 16mm，颜色从浅黄色到金黄色。深黄色和金色珍珠是非常罕见和昂贵的，但需要注意的是，这些令人着迷的珍珠颜色都是经过人工处理得来的。除了颜色处理外，还有许多其他用来提升整体外观和光泽度的方法。珠宝鉴定实验室可以检测出珍珠颜色是人工处理还是天然形成的，因此，我们强烈建议大家在购买黄色或者金色珍珠前，先获取实验室鉴定文件后再做决定。

来自深海的独特“珍珠”

虽然由海水牡蛎和淡水蚌产生的珍珠层珍珠是我们本书的重点，除此之外，“珍珠”也可以由扇贝、蛤蜊和蜗牛产生。如鲍鱼珍珠、单壳软体动物产生的珍珠层珍珠和一些由双壳软体动物产生的最美丽也最受欢迎的非珍珠层珍珠，如穹蛤珍珠、狮爪珍珠。海螺珍珠和美乐珠则来自独特的蜗牛壳！

这些不同寻常的珍珠看起来很精致。品质好的深海珍珠很罕见且值得拥有。如果在谈论天然珍珠的时候不提及它们，即使是很简要的，那也是不完整的。

鲍鱼珍珠——独特的天然珍珠

鲍鱼珍珠（读音“ab-uh-loh́-nee”）最美也最不寻常，同时又最罕见的珍珠之一。不像其他海水珍珠，生产这些珍珠的鲍鱼就是我们在餐馆中见到的那些！但实际上，人们对鲍鱼肉的需求，导致了鲍鱼贝的严重消耗，使得鲍鱼珍珠更加稀少。

鲍鱼会产生色彩艳丽、晕彩明显的珍珠层，也会产生在镶嵌或制作贝壳首饰过程中备受褒奖的珠母层。就跟鲍鱼壳一样，鲍鱼珍珠通常具有非常的颜色和丰富明显的晕彩。

鲍鱼珍珠是一种真正的珍珠（由许多同心珍珠层构成），并不是由双壳软体动物产生的，而是由耳朵形的单壳软体动物产生的（只有单层壳的软体动物，如蜗牛）。如果你对“珍珠”的定义是必须由双壳软体动物产生的话，那么，从专业的角度，鲍鱼珍珠并不是一种真正的珍珠。从另一角度来说，如果决定一颗珍珠是不是一颗真正珍珠的决定性因素是由交替层叠的珍珠层所带来的柔和光泽和彩虹光晕，毫无疑问，鲍鱼珍珠是一种真正的珍珠。无论人们评判真正珍珠的标准是什么，鲍鱼珍珠都是美丽又罕见的宝石，备受世界各地顶级珠宝设计师和收藏家的追捧。

绝大多数鲍鱼珍珠都是天然珍珠，有着快速日益增长的“收藏”市场。多数由美国太平洋海岸的鲍鱼产生，同时在日本、新西兰和韩国也有出现。随着美国、日本、韩国和新西兰各地对养殖技术的研究和生产，养殖鲍鱼珍珠的市场正在兴起。曾经，加利福尼亚北部地区和新西兰也是珍珠的主要产地，但其生产仅限于马贝珍珠。

每一颗鲍鱼珍珠在外形上都是独一无二的。世界上存在着 96 种不同的鲍鱼，这些鲍鱼的外壳颜色、大小和生长速度都各不相同。这些不同表现在所产珍珠的颜色、大小和形状上，同时也赋予了每一颗鲍鱼珍珠的独特个性。

最稀有昂贵和最受赞誉的鲍鱼珍珠是那些呈现出丰富的红色或孔雀蓝和绿色色调的珍珠。非常具有代表性的是，大多数都包含着一部分褐色或者变色区，这通常不会对价值有太大的影响。产自新西兰的养殖鲍鱼马贝珍珠能够表现出这些强烈的颜色，但有些是经过人工颜色增强处理的。产自加利福尼亚北部的鲍鱼珍珠所呈现的颜色是天然未经人工处理的，但同时也更微妙、柔和，有着蓝色、绿色、红色与珍珠自身米色或者灰色的过渡。有些人更喜欢那些生动、具有异国情调颜色的珍珠，而另一些人觉得柔和、中性的土色色调珍珠更为经典。

形状的不同是区分不同天然鲍鱼珍珠的又一特点。多数鲍鱼珍珠都是巴洛克式的，形状非常引人注目，同时也增添了它们的魅力。它们有些是细长的球状，有些是光盘式的；还有许多是喇叭形或者齿形，说来也怪，许多甚至是空心的。养殖鲍鱼珍珠大部分都是圆形马贝珠，但往往在收获时会保留所附着的部分壳，露出漂亮的珍珠母外衣层，此外，还能切割成其他不同的形状，比如梨形。

光泽度越高，晕彩越明显（“珍珠光泽”）的珍珠往往越少见，价值也越高。表面是否光滑，是否有瑕疵也是非常重要的因素，但请记住，实际上要找到一颗毫无瑕疵或者形状对称的天然鲍鱼珍珠几乎是不可能的，正圆形或者球形的天然鲍鱼珍珠几乎从未听说。在挑选珍珠时，要选择那些珍珠层生长时在珍珠表面下未出现“凹陷”的珍珠。对养殖鲍鱼马贝珍珠而言，来自新西兰的品种往往比加利福尼亚的品种瑕疵更多。加利福尼亚珍珠通常有着光滑的表面和更厚的珍珠层，而且尺寸也更大。

对鲍鱼珍珠而言，高度的珍珠光泽和晕彩、激发想象力的形状都至关重要，与其他珍珠一样，尺寸也无法忽视。多数鲍鱼珍珠为鹅卵石大小，但有的也能达到相当大的尺寸。一颗重达 471.10 克拉的鲍鱼珍珠可能是世界上最大的珍珠，但它是棕色的，而且品质不高。

一旦你见过鲍鱼珍珠，你绝不会与其他珍珠混淆。对于评价鲍鱼珍珠的好坏并没有十分清晰、明确的评价规则，总体上跟评价其他种类珍珠的因素一样——颜色、光泽、形状、瑕疵、表面光洁度、珍珠层厚度和尺寸（参见第三部分第 5 章）。

完美的鲍鱼珍珠几乎不存在，但如果找到一颗接近完美的鲍鱼珍珠，其价格将会特别昂贵。几年前，一位太平洋海岸潜水员发现了一颗品质优良的楔形鲍鱼珍珠，这颗珍珠重达 118.57 克拉，珍珠本体呈现出强烈的绿色，具有丰富的晕彩，毫无瑕疵。这是一颗非常罕见的宝石，曾估价超过 14,000 美元。

可收藏的无珍珠层天然珍珠

无珍珠层珍珠内部缺少一层又一层结晶碳酸钙层叠形成的结构，这些结晶碳酸钙就是我们所熟知的“珍珠层”，负责产生珍珠的特有光泽和晕彩。和所有珍珠一样，也是由碳酸钙形成的，但通常结构是纤维状的，这使得外观与其他珍珠有所不同。大多数非珍珠层珍珠比较暗沉，颜色发白，没有吸引力，并且没有市场价值。但这也有例外，有的珍珠可以由漂亮的狮爪扇贝或一种产自新英格兰州的叫作帘蛤的普通硬壳蚌产生。它们还可以由海螺产生，比如大凤螺和美乐海螺。

狮爪扇贝珍珠

产自狮爪扇贝（学名 Nodipecten Subnodosus）的天然珍珠是一种不为人知和欣赏的珍珠，同时，也是最罕见天然珍珠中的一种，所以很难将它进行归类。有一些狮爪珍珠成了最近宝石学研究的焦点，并且也开始在文学创作中崭露头角，因此在这里，我们非常乐意对狮爪扇贝珍珠进行介绍。

狮爪扇贝是众多美丽海贝中的一种，由它所产生的珍珠毫无疑问也同样美丽。它生长于美国东南部的大西洋水域，往南可至巴西，或者美国西部的太平洋水域。狮爪扇贝的颜色很特别，外壳通常是棕色、黄色和橙色几种颜色混合，内壳颜色丰富多彩，范围从珍珠白到活力紫。

在所有珍珠中，狮爪珍珠拥有最有趣的外观之一，因为有一种不同寻常、闪闪发光的斑驳色彩，看起来会让人想起一种叫“虎睛”的观赏宝石。和所有珍珠一样，狮爪珍珠也是由碳酸钙组成的，而与大多珍珠不同的是，几乎都是由方解石构成，而不是文石。它由独特的纤维状结构排列拼接而成。在独特的纤维拼接结构下光被吸收和反射，从而形成不同色调和深度的闪耀色斑。这种可爱的效果也成为狮爪珍珠的直接视觉标志。在强光照射下，表面会呈现出一种类似于高温烧制陶器的美丽光泽。

狮爪珍珠几乎包括了所有的形状，从水滴形、椭圆形、纽扣形到圆形、近圆形，颜色多种多样，从白色到深紫色以及深浅不一的橙色、粉红色和李子色。你可以尝试想象一下狮爪扇贝的贝壳颜色，也就可以预见到狮爪珍珠可能呈现的颜色范围。然而，相比其他颜色而言，丁香紫到紫色色调似乎更为常见。从尺寸上看，大部分狮爪珍珠都很小。人们所听说过的最好的一颗狮爪珍珠来自私人收藏，它是一颗浑圆的具有强烈光泽和花纹的粉紫色珍珠，重达 5.91 克拉。

帘蛤珍珠（Quahog）

帘蛤珍珠（读音 KOH-hog）是美国最稀有和最美丽的天然珍珠。几个世纪以来为居住在新英格兰州大西洋海岸的本土美国人所珍视。帘蛤珍珠常被人用于自我装饰，或是作为贝壳串珠——一种作为早期形式的流通货币。它的名字“quahog”一词，是从阿尔冈印第安文中名为“Poquauhock”的一种特别蛤类衍生而来，这也是为什么平常我们会见到包括“quahaug”“cohog”“quohog”在内的多种不同的拼写方式。

美国 20 世纪最受尊敬的专家之一，George Frederick kunz，在他 1908 年的著作《珍珠之书》中提到了帘蛤珍珠，并且在书中形容它是一种十分罕见的珍珠。同时，他指出，一只乌黑的好品质帘蛤可能产生一颗价值可达 100 美元的珍珠，如果用今天的美元衡量的话，价值可达数千美元！可惜的是，他并没有提到大小、形状或者珍珠品质会对这价格有何影响。

遗憾的是，由于帘蛤珍珠极度罕见，几乎没有新英格兰外的人（多指挖蛤人和渔夫）见过真正美丽的帘蛤珍珠。人们打开成千上万的蛤类，却找不到一颗珍珠，即使找到珍珠，多数也是个头很小、形状不规则，光泽度低且颜色不招人喜欢的。这些珍珠除了可以满足人好奇心外几乎没有任何价值。而那些真正罕见的珍珠，通常都美丽独特且非常吸引人。

双壳蚌蛤如金星蛤（又称硬壳蛤）或者普通的硬壳蛤都可以产生帘蛤珍

珠。矿物文石在当地水域中溶解后会在它们坚硬厚实的椭圆形外壳背面形成一些紫色的斑点。这也许就是帘蛤珍珠拥有如此不同寻常颜色的原因。

同海螺珍珠或美乐珠一样，帘蛤珍珠也是一种无珍珠层珍珠，由纤维状结构而不是珍珠层结构形成（有珍珠层珍珠是由结晶碳酸钙和壳基质层叠整齐排列而成，一层又一层的珍珠层叠赋予了珍珠强烈的珍珠光泽，这是无珍珠层珍珠所不具备的）。大部分帘蛤珍珠光泽度较低或较微弱，但是那些好品质的珍珠表面反射作用强烈，呈现出上好瓷器的光泽感。也有报道，在十分罕见的情况下，有的帘蛤珍珠会呈现出类似于海螺珍珠或美乐珍珠的蜂窝状或火焰状纹理，尽管很多时候这些纹理并不十分明显。

帘蛤珍珠可以呈现出一系列的颜色，包括白色、淡紫色到紫色、黄褐色、棕色甚至黑色。但最令人向往也最具价值的颜色是浅紫色到紫色色调。它们形状也各不相同，最理想的形状包括圆形、椭圆形、水滴形和纽扣形。它们通常很小，但有的直径可达 18~20mm。有的珍珠会出现不同寻常的浅色和深色色带交错现象，从而形成不同的视觉效果，例如纽扣形帘蛤珍珠通常中心部分颜色较浅，呈现出独特的“眼球”效果。

目前，帘蛤珍珠的市场需求还很有限，但随着珍珠和珠宝鉴赏家对这一“美国丽人”的特别之处的发掘，其需求和价值将会逐渐提升。如今，在各种国际宝石和珠宝展示会上，帘蛤珍珠成为了专业从事稀有宝石和天然珍珠交易的珠宝商的关注焦点。近期，一家专业从事稀有宝石交易的重要珠宝商展出了 4 颗帘蛤珍珠组成的价值 15 万美元的一组珍珠——2 颗直径不到 8mm 的小型圆珍珠和 2 颗直径在 12~13mm 之间的大型纽扣珍珠。另一家专业从事天然珍珠交易的珠宝商以超过 1 万美元的价格卖出了 1 颗顶部看起来非常美丽，底部有着严重瑕疵的帘蛤珍珠（直径几乎达到 15mm），同时，这家珠宝商企图以 25,000 美元的报价购买 1 颗直径达 16.25mm 的品质特优、深紫色圆形纽扣珍珠，但遭到了拒绝。

目前记录最大最好的帘蛤珍珠是一颗直径 14mm 的圆形珍珠，它有着浅紫的颜色，强烈的光泽和无瑕的表面，并呈现出一种独特且完美的“眼球”

效果。它代替一颗好品质的尺寸接近 12×10mm 的泪滴形帘蛤珍珠，安装在一枚早期维多利亚胸针（约 1835 年）的中心，镶嵌在镀金的黑白相间的珐琅花纹上。这枚胸针加入了由位于纽约的美国自然历史博物馆所举办的国际珍珠世界巡回展览，并成为东京展览的盛大开幕式的亮点之一，受到展览沿途各大城市观展人的喜爱。

评价帘蛤珍珠品质的影响因素

像其他珍珠一样，帘蛤珍珠品质各不相同。多数品质较差，对珠宝收藏家和鉴赏家毫无吸引力。但是高品质帘蛤珍珠则另当别论。决定帘蛤珍珠品质的因素与决定其他天然珍珠品质的评价因素是同样重要的，包括大小、形状、颜色、光泽和表面光滑度。在进行珍珠品质评价时，需要特别注意帘蛤珍珠这一品种的特别之处。

· **尺寸**。就大小而言，大部分帘蛤珍珠直径在 7mm 以下，通常直径范围在 5~6mm 之间。一颗直径 14mm 的帘蛤珍珠是非常巨大的。要在如此巨大的尺寸下找到一颗好品质帘蛤珍珠是极为困难的。某些情况下，它们尺寸甚至可以达到 18~20mm，但这些尺寸的珍珠，往往颜色、大小或总体质量都不尽如人意。

· **形状**。不论尺寸大小，多数帘蛤珍珠都是椭圆形，橡子形或“子弹”形，泪滴形和纽扣形中的一种。虽然它们可以是任何形状的，但许多都是不对称的巴洛克式。在帘蛤珍珠中，圆形纽扣珍珠是最受欢迎的形状，当然，如果同时它还有着一个很细腻圆滑的顶部就更好了。

· **颜色**。颜色是影响珍珠受欢迎度和价值高低的重要因素与价值。帘蛤珍珠最常见的颜色是白色，如果同时珍珠具有光泽的话，白色仍然是可爱的和讨人喜欢的；褐色、深褐色和黑色色调的珍珠比白色珍珠更珍贵；紫丁香色到紫色色调是最珍贵，也是最理想的珍珠颜色。

颜色是否均匀是影响珍珠价值的重要因素之一——颜色越均匀越罕见。然而，对帘蛤珍珠而言，在某些文化中，如果珍珠中心呈现出独特的“眼球”效果——珍珠正中间出现的一片白色区域，这些珍珠将具有更高的价值。根据珍珠中央的“眼球”区域到珍珠底部整体的颜色和颜色的均匀性不同，这样的珍珠通常非常受人欢迎。有的帘蛤珍珠具有白色和棕色相间的条纹状图案，如果这些图案很可爱且对称，或者显现出“双色”或“三色”的效果，同样也能提高珍珠的价值。

· **表面特征**。在评价珍珠的表面光洁度时，我们必须保持谨慎。大部分帘蛤珍珠表面都很干净，因此，若我们使用与其他珍珠一样的标准来对其进行评价，在珍珠表面出现瑕疵的情况下，我们会更倾向于降低珍珠总体品质的评价。有的帘蛤珍珠表面会出现裂缝，这些裂缝的产生源自珍珠在被发现前，对帘蛤进行烹煮的操作，或者来自某些珠宝商对珍珠进行打孔操作的尝试。由于帘蛤珍珠是纤维状结构的，当某些缺乏经验的珠宝商或者不懂得如何细心对珍珠进行打孔操作的人尝试打孔时，损坏珍珠的风险是极高的。

· **光泽度**。我们不能用判断有珍珠层珍珠的标准评价帘蛤珍珠的光泽度。大部分帘蛤珍珠缺乏赋予珍珠层珍珠魅力与吸引力的强烈光感。几乎没有帘蛤珍珠能够呈现出日本产经典白色圆形养殖珍珠（akoya）那样强烈的光泽感，其光泽感比大多数珍珠种类都要低。对帘蛤珍珠而言，“白垩”光泽会显著降低其价值；柔和的光泽被认为是较好的；而最好的光泽类似于精致瓷器表面所散发出的丝质光泽。

总的来说，一颗直径超过 8mm，散发出强烈光泽，呈现出美丽的颜色，且形状对称的帘蛤珍珠是极其罕见的，通常会被归入品质超优的珍珠中。

海螺珍珠

海螺珍珠和巨型海螺壳

与其他珍珠一样，海螺珍珠也是由碳酸钙组成的，但它是一种无珍珠层珍珠，尽管如此，它同样具有惊人的美丽和高昂的价格。

海螺珍珠有着独特的瓷感光泽且表面呈现特别的火焰状纹理。这些细腻的波浪形火焰状纹理，如同湿润的丝绸一般覆盖整颗珍珠表面，将它与珍珠层珍珠和珊瑚区分开来。

找到海螺珍珠的机会非常渺茫：大约10,000~15,000枚海螺中才能找到一颗。多数拥有招人喜欢的对称形状，不过，在某些极少见的情况下，人们甚至找到了圆形海螺珍珠。大部分呈褐色、象牙色或者棕色，但也有一些呈鲑鱼橙、丁香紫、粉色和深玫瑰色（在长时间强光照射下可能出现褪色）。虽然形状和大小在珍珠品质评价中至关重要，在这里，我们把颜色和纹理的鲜艳程度作为评价的主要标准。最受赞誉的海螺珍珠是一颗表面呈现深粉、丁香紫和橙红交织而成的火焰纹理的近球形珍珠。此外，对称的椭圆形、泪滴形和纽扣形海螺珍珠也很受人们欢迎。大部分海螺珍珠都很小。目前已知的最大海螺珍珠是一颗由“马螺”产生的足球形深棕色宝石，重量超过111克拉，直径达到27.47mm。

海螺珍珠在欧洲和中东市场非常受欢迎。纽约Harry Winston珠宝曾为一名匿名客户设计出一款华丽的海螺珍珠和钻石项链以及配套的耳环。德国珠宝公司Hemmerle用上文提到的世界上最大的深棕色海螺珍珠完成了一次华丽的珠宝创作，标价高达100,000美元。

美乐珠

同海螺珍珠一样，美乐珠并不是由双壳软体动物产生的，也不含珍珠层。即便如此，仍是非常受人欢迎，甚至价格昂贵。1999 年，一颗大约 23×19mm 的橙色美乐珠在香港佳士得拍卖行拍出了 488,800 美元的高价！从此，美乐珠进入了珍珠舞台的中心。随后，市场上逐渐涌现出越来越多颜色不理想的美乐珠，致使其价格不断下跌。如今，颜色在橙色到橙红色间的大美乐珠价格仍要上万美元，但以 1 万美元以下的价格也能买到一些不错的美乐珠。

美乐珠是由印度螺（或者美乐海螺）——一种巨大的海洋蜗牛产生的。外壳常被称作“水瓢”状壳。越南是美乐珠的主要产地，但也产于东南亚水域。美乐珠通常很圆且尺寸巨大，目前所知的最大的一颗几乎重达 400 克拉，来自越南 BaoDai 的收藏。通常比海螺珍珠轻（因为有着较小的“比重”），因此同样重量下，看起来比海螺珍珠大一些。同海螺珍珠类似，也呈现出火焰状纹理及光泽。典型的美乐珠颜色包括黄色、橙色、红色、褐色和棕色。养殖美乐珠并不十分成功，目前市场上所有的美乐珠都是天然珍珠。

下面是练习步骤：

1. 用一只手将放大镜置于拇指和食指之间。

2. 另一只手用同样的方式拿住珍珠或者珠串。

3. 将两只手靠近，使大拇指往下的皮肤部分相互接触，并且利用大拇指与手腕的连接部分进行支撑。

4. 将放大镜与所检测物品对齐，并保持 1 英寸的距离。

5. 现在，移动你的手 / 放大镜 / 珍珠慢慢靠近鼻子或脸颊，并尽可能贴近眼睛，移动过程中保持三者相互支撑。即使你佩戴着眼镜，也不需要将其摘除。

6. 在进行详细检查时，非常重要的一点是需要双手的稳定性。保持双手合拢不变，并靠在脸上某个支点，将手肘支撑在书桌或工作台面上（没有书桌的话也可以支撑在胸部或肋骨上）。操作得当的话，你的手将变得非常稳。

在你练习使用放大镜时，注意保持它与你的眼睛大约 1 英寸的距离处，并保持它与珍珠间大约 1 英寸的距离。学着如何透过放大镜看清楚物品，开始时，你可能会觉得很难聚焦，但随着练习慢慢增多，就会变得越来越简单。你可以练习透过放大镜观察任何肉眼很难看清的物品，比如你皮肤的毛孔、你的一缕头发。

在进行观察的过程中，你可以移动所检查的物品，慢慢旋转，或在旋转的过程中将它来回倾斜，以便从不同的角度和方向进行观察。

放大镜的使用

用不了多久，你会发现可以很容易地聚焦在任何想检查的物品上。如果你还是对使用放大镜的技术不够有信心，可以找一位知识渊博的珠宝商教你，相信他会非常乐意。

透过放大镜你将看到什么

通过不断练习积累经验，就连珠宝业余人士也能利用放大镜判断出珍珠的好坏。虽然你不会像训练有素的宝石学家那样从中得到许多信息，但在这里我们会提供一些方法来帮助初学者检查珍珠。

1. 检查钻孔。为了更准确地估计钻孔尺寸，你可以检查珠核与珍珠层间是否有明显边界线（这表明它是养殖珍珠而非天然珍珠），看看是否有染色的痕迹（染色痕迹很可能就在钻孔里）。

2. 仔细检查珍珠表面瑕疵。寻找裂缝和凹陷的珍珠层，这通常表明珍珠层质量较差或者珍珠层太薄。

3. 检查可揭示仿制痕迹的表面特征。因为天然和养殖珍珠的表面与仿制品是明显不同的，一旦你将一颗养殖珍珠与一颗人造珍珠进行对比，你很容易就能在表面发现仿制的痕迹。

4. 检查表面斑点或变色。这通常是人工染色留下的痕迹，在多面黑珍珠中尤其明显。

如何辨别珍珠的品质

在我们开始之前，非常重要的一点是了解国际上的珍珠分级标准，但这种分级标准也没有得到国际公认。珠宝商有着自己的一套分级评价标准，通常都采用同样的字母命名规则。因此我们经常能看见各种分为不同等级的珍珠，“3A 级”（AAA）、“双 A”级（AA）、“A 级”“B 级”或“C”级，但这些分级所采用的标准各不相同，它们并不一定能实际反应珍珠的品质。由于标准不一，很有可能出现某种品质的珍珠在一家珠宝商那里卖的价格更高，而另一家卖的价格低的情况。也可能出现被某一珠宝商评为 3A 级的珍珠，在别的珠宝商处只能达到 C 级标准的情况。

但不要认为可以通过“AAA”“AA”等这类的术语就能区分出珍珠品质的不同，你需要学习的是如何观察珍珠，以及观察珍珠时需要注意什么。

· **在纯色背景下观察珍珠。**当你在检查珍珠时，请在无光泽的纯色背景下进行。浅灰色是非常理想的背景颜色，或者你也可以使用纯白色背景（比如白纸，通常在珠宝店可以买到）。千万不要在黑色背景下查看珍珠，虽然在黑色的映衬下珍珠会显得很美，但黑色不利于我们观察到微小的差异。

· **在冷白荧光灯或日光灯下观察珍珠。**避免在强聚光灯或者白炽灯下观察珍珠（在如阳光、聚光等强光照射下珍珠光泽会显得尤为强烈，而在漫射光如多云天气下的光线或者日光灯照射下，珍珠光泽会有所降低），记住，你所选择灯光会影响你的观察效果，所以检查珍珠应该在相同的灯光下进行。如果可能的话，最好在同一地点、同一时间下进行（珍珠在不同的地理位置看起来会有所不同，同样，不同的半球的不同光照下也会有所不同）。

· **在某个距离你身体合适的角度下观察珍珠。**当你在比较项链或手链等珠串中的珍珠时，请把它们放在纯色背景上，并且找到某一合适角度，以保证珍珠间距离靠近但不相互接触，这将有助于你更方便地看到颜色和光泽上的不同。

影响珍珠品质和价值的六大因素

你已经学会该如何观察珍珠了，现在，让我们来谈谈在观察珍珠品质时需要注意什么。无论是什么类型的珍珠，是天然珍珠还是养殖珍珠，想要辨别你是否找到了一颗可以保持长久美丽的珍珠，下面的六大因素都是我们需要考虑的。

· 珍珠光泽和晕彩
· 珍珠层厚度和质量
· 颜色
· 表面光洁度
· 形状
· 大小

比起其他五个因素，珍珠层的厚度和质量对珍珠之美有着更大的影响，对养殖珍珠而言，它还影响着珍珠可持续的时间。因此，这是最重要的一个因素。不过，在接下来的讨论中，会先谈谈珍珠光泽，因为这是我们看到珍珠时首先会注意到的部分，也是珍珠的特别之处，此外，珍珠光泽的不同也从视觉效果上反映出珍珠层厚度的不同。

我们把各种可爱的反射光组合而散发出的光芒称为光泽，把珍珠表面呈现的柔和、彩虹色彩称为晕彩。正是光泽和晕彩将珍珠与其他宝石区分开来，同时，它们也是最显眼的珍珠品质指标以及是否具有保持长久美丽潜力的标志。

光泽

当你看到一颗漂亮的珍珠时，你注意到的第一件事就是光泽。这种光泽并不是人造珍珠所呈现的那种表面“光芒”，而是一种由于光线穿透多层珍珠层并且从珍珠内部反射出来而形成的强烈光芒，有人把这种光芒称为“有深度的光芒”。一颗具有良好光泽的珍珠，在珍珠最亮（直接光照下）部分和阴影区域存在十分强烈的对比，有时这种强烈对比度会在珍珠内部产生一种“球形”的错觉，球的形象越清晰，珍珠光泽越好。相应地，这也取决于软体动物产生的珍珠层的厚度和质量，珍珠层越厚（且形成珍珠层的微晶体越小越透明），光泽越好。如果珍珠层完全结晶，且各层排列整齐，就会产生一颗拥有强烈光泽的精致珍珠。

如何评价光泽

任何人在购买珍珠前，都应该花点时间去学习如何评价珍珠，学习哪些光泽是可以接受的，哪些是不可以接受的，当珍珠光泽特别低时，这点显得特别重要。低光泽度不仅降低了珍珠的美感，同时也表明这颗珍珠层厚度是非常薄的。对日本珍珠而言，“白垩”光泽通常表示珍珠的薄珍珠层可能在很短的时间内就会开裂、剥离，或者干脆消失，只剩下贝壳珠（相比质量差的白垩养殖珍珠，人造珍珠看起来更美，且价格更便宜）。

寻找具有强光泽的珍珠，光泽是从很强到很弱来评价的。一颗具有强光泽的珍珠看起来充满活力，其反射光（珍珠内部“球”的清晰程度）会更明亮、清晰。而一颗光泽度很低的珍珠看起来暗淡无光，反射光模糊、白垩或者不存在。评价光泽的方法如下：

旋转珍珠，从各个角度进行观察来确保珍珠光泽均匀。

在日光灯等光源下检查珍珠，寻找表面下的反射光，特别要注意反射光的亮度和清晰度。避免强光直射，如果光线太强，请伸出手遮挡珍珠，并在形成的阴影区域进行检查。

高品质日本 akoya 珍珠比其他白色圆珍珠光泽度强，主要是因为生长在水温合适的环境中。冷水会减慢珍珠层的生长速度，这通常会形成良好的结晶和较高的整体珍珠层质量。如果珍珠层的质量很好且特别厚，由此形成的日本 akoya 珍珠通常会有令人难以置信的光泽度。但并不是所有的 akoya 珍珠都很有光泽，也有些 akoya 珍珠色泽很弱，这通常表明它们拥有很薄或质量较差的珍珠层。

晕彩

如果珍珠层质量很好且很厚，你将有机会观察到晕彩——一种覆盖珍珠表面的柔和彩虹色彩。这种现象只有当珍珠层达到一定厚度时才可能出现，由于光线在穿过珍珠层时会产生棱镜效应（白色光线被分散成为彩虹的颜色），从而形成晕彩。

具有晕彩的圆形养殖珍珠非常受珠宝鉴赏家的赞赏和追捧。如今，拥有这一令人赞叹特征的圆形珍珠十分少见，不过我们经常能在各种形状不规则的巴洛克珍珠中看到晕彩的身影，为其增添别样魅力。珍珠表面要出现晕彩，需要保证每一层珍珠层都具有很好的结晶且排列整齐，最重要的是，必须具有非常厚的珍珠层。这也是为什么晕彩通常出现在好品质的全珍珠层天然珍珠以及日本早期的养殖珍珠中，珍珠层通常比现在生产的珍珠要厚得多。晕彩也会在一些巴洛克珍珠中出现，因为珍珠层会在珍珠凹陷处不断堆积。此外，我们还能在一些培养周期特别长的珍珠上发现晕彩，比如南海珍珠、美国淡水养殖珍珠和一些质量上乘的全珍珠层中国珍珠。

强光光泽和晕彩的重要性不仅仅在于能够影响珍珠的美观程度，正如我们一再强调那样，也因为能够直观地反映出珍珠层的厚度和质量。

珍珠层厚度和质量

珍珠不论是天然形成还是养殖而成，珍珠层厚度和质量都是独特魅力的源泉。珍珠层越厚质量越好，所形成的珍珠也就越精致越光泽。

· **珍珠层厚度**。决定了珍珠的寿命——珍珠层越厚，珍珠寿命越长；珍珠层越薄，珍珠寿命越短。正如我们前面所介绍的，如何在保证获得足够厚度的珍珠层前提下，又不增加其他如形状和表面光洁度等因素出现问题的风险，这往往需要一定的经验和技巧。那些养殖出品质上乘的美丽珍珠的养殖者，通常会在植入和采收期间使珠核尽可能长时间留在牡蛎中，以此来获得最大厚度的珍珠层。

· **珍珠层质量。**决定了光线穿过珍珠层的方式。有时，有些具有很厚珍珠层的珍珠并不会如人所期望那般呈现出强光泽和明显晕彩，某些我们无法完全确定的原因，这种情况是由珍珠层某种特定结晶方式所产生的，如珍珠层结晶时分布不均匀，没有形成很好的透明度，或者珍珠层间排列不整齐。我们能确定的是，珍珠层的生长速度会影响质量。如果珍珠层生长速度过快，将变得不那么透明，由此产生的珍珠光泽度较低——光线进入珍珠后，几乎不会反射回来。但这也不一定是个坏现象，在选择珍珠时，你需要权衡各个影响因素的重要性。一颗厚珍珠层的具有柔和光泽的南海珍珠相比光泽度高的珍珠而言，价格更为亲民，如果同时这颗珍珠仍具有一些可爱的特征，你就可以以较低的成本来获得一颗更大尺寸的珍珠。

珍珠层质量与水温、总体水质间似乎也存在一定联系。在澳大利亚、大溪地、库克群岛、菲律宾和印度尼西亚的温暖水域中所生长的珠母贝产生珍珠层的速度比起日本或中国要快得多，有些专家估计，速度快达 15–20 倍！这说明，即使我们让南海珍珠留在珠母贝中的时间与日本珍珠一样长——想产生好的南海珍珠通常仍然需要更长的培育期——珍珠层自然会更厚。如我们前面所介绍，好的南海珍珠由于珍珠层很厚，常常会出现晕彩，这在如今的日本珍珠中很少见。不过，好的日本珍珠在冷水作用下通常有着更明亮、强烈的光泽。同时拥有强烈光泽和温柔晕彩的日本珍珠是非常罕见的，也是所有珍珠中最美丽也最珍贵的。

要想产出一颗有光泽和晕彩的珍珠，珍珠层不仅质量好还要厚实，这二者结合起来共同影响光束进入珍珠后经反射回到表面的数量和质量。由于结晶方式的问题，有些珍珠尽管拥有厚厚的珍珠层，却无法呈现出丰富的光泽和晕彩。事实上，没有一颗富有光泽和晕彩的珍珠是没有结晶良好的厚实珍珠层的。任何富有光泽的珍珠都具有厚实的珍珠层，同样，由于珍珠层的厚度是产生晕彩效应的必要条件，任何具有晕彩的珍珠都一定拥有厚实的珍珠层。

如何判断珍珠层厚度

天然珍珠整颗珍珠都是由珍珠层构成的；在海水养殖珍珠中，珍珠层厚度可以非常薄也可以非常厚，平均厚度占整颗珍珠直径的 10%~15%，在某些特别少见的情况下，能达到 30%。高品质南海珍珠的珍珠层厚度比其他海水珍珠要厚得多，最厚可达 40%~50%。珍珠层太薄的珍珠通常寿命较短。相比珍珠居高临下的价格，我们相信没有人会故意购买无法持久保存的珍珠。因此，这里有一些方法分享给大家，帮助大家估计珍珠层厚度，避免买到薄珍珠层的珍珠。

· **寻找晕彩**。如果珍珠表面呈现均匀的晕彩，那一定具有很厚的珍珠层。所以，任何珍珠只要拥有可爱的晕彩，你都大可不必担心！

· **注意光泽强度**。具有明亮强烈的光泽，且能清晰地映射出周围图像的珍珠通常拥有又好又厚的珍珠层；而看起来暗淡无光或者呈白垩色的珍珠通常拥有很薄或者质量较差的珍珠层。

· **检查裂缝和脱落**。珍珠层薄的珍珠很容易开裂并露出珠核，同样，随着时间推移，薄的珍珠层还会脱落或者磨损消失。在某些情况下，有些珍珠层实在太薄了，有些新珍珠已经开始出现珍珠层脱落现象，出现小面积的贝壳表面。请仔细检查任何暴露在外的脱落处。

· **利用放大镜观察珍珠钻孔周围**。利用前文介绍过的放大镜使用技巧，

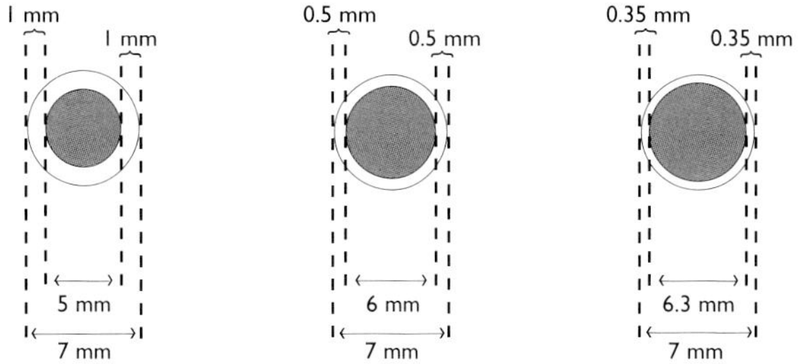

珍珠层与珠核比例 =2∶5
珍珠层与整颗珍珠比例 =40%；2∶7

珍珠层与珠核比例 =1∶6
珍珠层与整颗珍珠比例 =14%；1∶7

珍珠层与珠核比例 =0.7∶6.3
珍珠层与整颗珍珠比例 =10%；0.7∶7

进行将会对我们更有帮助。

· **在深色背景前检查**。当我们在比较珍珠的其他多数特性时，最适合的背景色通常都是浅色，但是如果我们在寻找瑕疵，有的时候在深色背景下反而更容易找到。

· **边转动边检查**。把珍珠或者珠串放在平整的表面上并进行转动，以确保你已经检查到珍珠的所有面，这样一来，可以使光束捕捉到表面的任何细小瑕疵。

· **举起珍珠**。将珍珠放置在身前，平行于眼睛来检查它们。

实际上，几乎不存在“无瑕完美”的珍珠，它们特别罕见。对珍珠串来说，无瑕完美的珠串就更是如此。你需要从颜色、形状、大小等各个角度来决定对你而言重要的是什么，然后综合平衡其他各项因素。在购买珍珠时，我建议你牺牲表面光洁度而不是其他因素。如果你选择那些有轻微瑕疵的珍珠的话，你可能买到具有更厚珍珠层、更理想颜色或者更大尺寸的珍珠。还请记住，如果一颗珍珠拥有强烈的光泽，大多数瑕疵甚至都不会被注意到，强烈的光泽能帮助它们隐藏起来！相反，一颗沉闷、白垩的白珍珠会显现出所有的瑕疵，不管这些瑕疵多么细小。

避免购买那些有裂缝的珍珠。因为裂缝会变得很严重，尤其是当珍珠层薄的时候，珍珠层甚至可能会脱落！

形状

珍珠的形状可以分为 3 类：球形珍珠、对称珍珠、巴洛克珍珠。最稀有和最有价值的是球形或者圆形珍珠，这是通过“球”度或圆度来评价的。虽然一颗浑圆的好品质珍珠非常罕见，但一颗珍珠形状越接近正圆，价格就越昂贵。拥有泪滴或者梨形形状的珍珠就属于对称珍珠，我们常从比例、轮廓和良好对称性的角度来判断珍珠是否拥有良好、令人愉快以及平衡的形状。

黑色梨形珍珠和黑色螺纹珍珠。

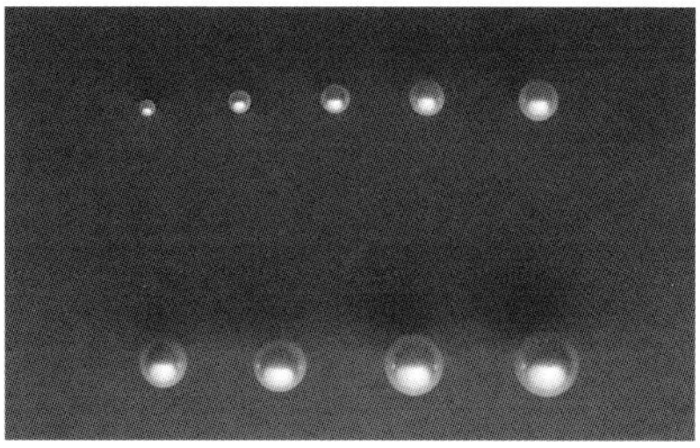

上：圆形、近圆形以及不对称巴洛克珍珠。
下：椭圆或橡子形、泪滴或梨形、沙漏形对称巴洛克珍珠。

形状不同会影响价格。最上为“圆形”，白色“橡子”形珍珠耳环。珠串，比其他珠串价格要高。

从上往下由于各珠串“圆度”不同，价格也明显不同。

对称珍珠实际上也属于“巴洛克”珍珠的范畴，即形状不是圆形的。虽然没有圆形珍珠那么贵，但在一些例外的情况下，也可以非常昂贵。形状不规则的巴洛克珍珠最为实惠也非常受欢迎，尤其是圆形的南海巴洛克大珍珠，成本非常高昂。

对任何珍珠链，都应该合理搭配每一颗珍珠的形状，使佩戴起来给人以均匀、和谐的感觉。

如今，不断有新的珍珠形状产生，无法归类到上述 3 种分类中去。这些珍珠包括：看起来像是扁的硬币的“硬币”珍珠；薄长方形的“棒”形珍珠；看起来像椭圆形土豆的“土豆”珍珠；以及从上到下布满同心圆的“环形”珍珠。

我们也常使用一些如半圆形或者半巴洛克式的术语来描述珍珠形状。这些术语适用于那些形状类似圆形又不那么圆的珍珠，不规则形状比较有趣、独特，比起其他形状的珍珠来说，便宜得多。

刻面珍珠

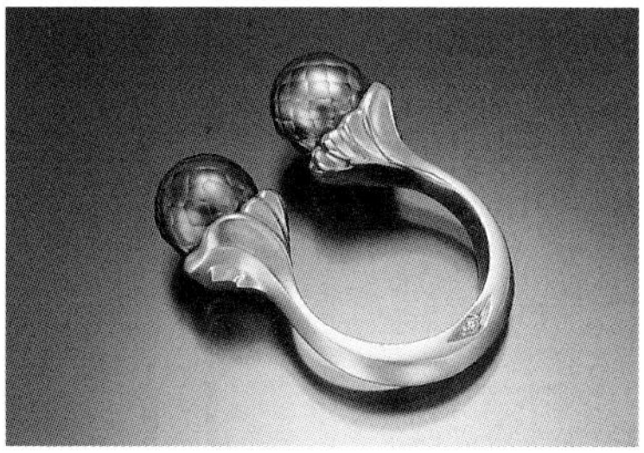

镶有香槟色钻石的 18K 白金刻面南海珍珠戒指。

刻面珍珠是新出现在市场上的一种珍珠，它们的出现让世界珠宝设计师为之兴奋不已。通常都是南海珍珠，颜色从白色、黑色到其他各种华丽的颜色不等。这些珍珠整个表面被切割成许多小且平整的面，创造出一种独特的外观。虽说这项切割技术只适用于厚珠层珍珠，但将它作为去除珍珠表面瑕疵、改善珍珠形状的一种手段也不失为明智之举。刻面珍珠比拥有良好光泽和干净表面的圆形珍珠便宜，但是比切割前的珍珠更贵，也更具吸引力。请注意，当你在购买颜色鲜艳的刻面珍珠时，最好要求珠宝商提供实验室认证，以此来确定珍珠颜色是不是人工处理形成的。也请记住，由于切割过程会去除部分珍珠层，切割完后的珍珠珍珠层将会变薄，有些珍珠珍珠层实在太薄，以致切割完成后可能很容易产生碎裂或者发生脱落。

尺寸大小

天然珍珠按重量出售。以前，在称量珍珠重量时一直以“谷”为单位，4谷重量相当于1克拉。如今天然珍珠通常按克拉重量出售。养殖珍珠按mm大小出售（1mm等于约1/25英寸）：测量时，圆形珍珠表示直径，非圆珍珠测量其长度和宽度。珍珠越大，价格越高。一颗2mm大小的珍珠常被认为是很小的，超过8mm的akoya珍珠常被认为很大，但对南海珍珠而言，一颗8mm的珍珠通常算为小珍珠，13~15mm是平均尺寸的珍珠，直径超过16mm才被认为是大珍珠。

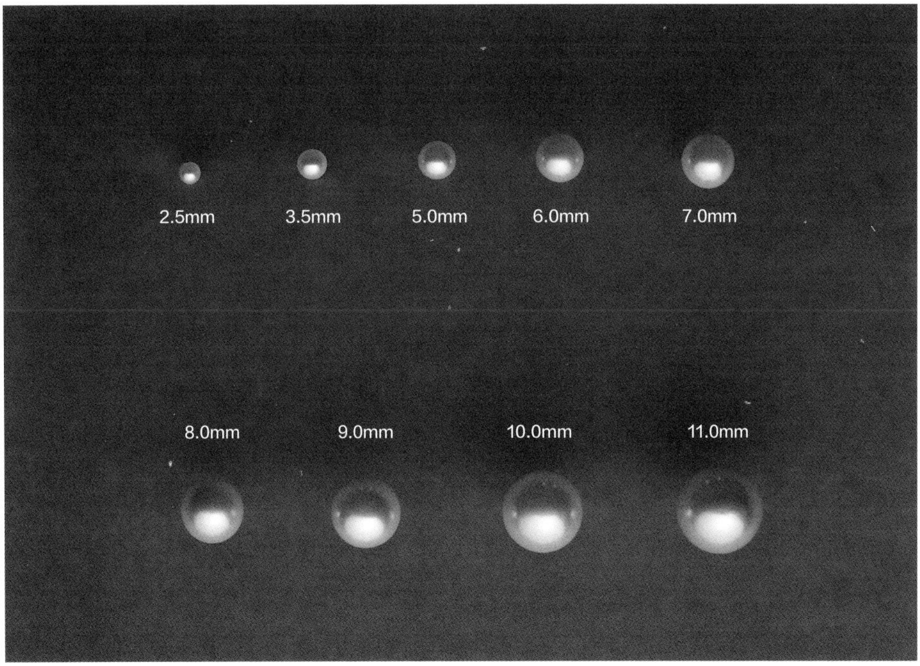

直径从2.5mm到11mm的不同尺寸珍珠。

大的养殖珍珠更稀少，也更昂贵。对 akoya 珍珠来说，尺寸超过 7.5mm 以后，珍珠价格就会有巨大的变化。从 8mm 往上，尺寸每增加 0.5mm，价格将显著上涨。对南海珍珠和大溪地珍珠来说，当尺寸超过 15mm 时，价格同样受到尺寸的显著影响。

正如我们所提到的，虽然珍珠大小主要是由植入软体动物的珠核大小决定的，但是植入物越大，受到排斥的可能性和死亡率就越高。此外珠核越大，珍珠就越有可能出现瑕疵、褪色以及畸形的现象，这使得原本就稀缺的好品质珍珠数量变得更少。这就是大珍珠要比小珍珠贵得多的原因。

“制造”同样产生不同

珍珠间是否搭配得当是另一项影响珠串制品如珍珠项链价值的因素，这称为珍珠制品的“制造”。我们需要考虑珍珠串中各珍珠从大小、形状、颜色、光泽，以及表面纹理这些方面看是否搭配得当。同样，我们在搭配珍珠时，还需要仔细考虑珍珠间大小的过渡，搭配不合理将会影响珠串外观和价值。还有非常重要的一点是，记得检查珍珠钻孔，所有钻孔都应该是中心钻孔的，非中心钻孔的珍珠将无法放平，同时也会大大降低价值。

John Latendresse，美国珍珠公司创始人，被誉为“美国珍珠之父”，图为他生前检查珍珠串的照片，确保每颗珍珠钻孔都在“中心”。非中心钻孔的珍珠永远无法挂好，这有时错误地归因于不当的穿线，但如果钻孔不在珍珠中心，没有任何珍珠穿线者可以解决这个问题。

6/ 珍珠光泽的人工增强技术

从古至今，人类总是试图去改进、模仿和复制那些美丽、稀少、昂贵的事物。如今，几乎所有的彩色宝石都是经过模仿、复制和“改进”而来的，养殖珍珠同样如此。对某些宝石而言，人们所采用的某些处理方式是可以被“接受”的，而对另一些宝石则不然。所以在选购珍珠时，非常重要的一点是，知道所采用的处理方式，知道什么是可以接受的，什么是不可以接受的，以及这些方式会如何最终影响珍珠的外观、价格，以及最重要的一点——持久性。

所有的珍珠都是从软体动物中移除后进行处理的。常规的处理并不会造成伤害，而通常我们需要做的工作不仅仅是洗涤去除珍珠表面毛孔中的异味和残留，用温和的肥皂水和如食盐一般温和的磨料形成的混合物就可以完成。我们通过把珍珠和混合物放在“滚筒”中滚动来完成清洁处理。

常规的滚动珍珠清洁法是所有珠农都会采用的方法，同时也是非常安全的。

过度加工和处理会伤害珍珠

某些类型的养殖珍珠常会进行各种大量的加工处理，这些处理方式可能对珍珠的持久性，甚至寿命产生负面影响，包括用蜡或者抛光化合物滚动清洁珍珠，用抛光化合物进行抛光处理，对珍珠表面增加涂层，进行化学漂白和染色等。下面是一些需要注意且避免的处理方式：

增强光泽和表面光洁度

由于许多低品质珍珠通常光泽度非常弱，无法吸引消费者的喜爱，有些生产商在对珍珠进行常规处理的同时，还会采用一些人工方法来使珍珠给人留下光泽度的印象，但这通常仅仅增强了表面光泽而已。

· **大量的翻滚**。有些生产商会通过大量的翻滚这种方式来去除珍珠表面一些肉眼不可见的瑕疵和暗斑，或者改进珍珠形状。由于珍珠层拥有非常紧凑的结构，使其可以很持久，但并不十分坚硬。根据所采用的翻滚方式的不同，有些珍珠层在珍珠不断翻滚的过程中可能会出现脱落，且翻滚的时间越长，脱落的珍珠层越多。

· **抛光**。有些生产商会采用抛光的方式来去除珍珠瑕疵、改善珍珠形状并且增强珍珠表面光泽。在这里，人们通过把珍珠靠在高速转动的砂轮上，并利用温和的磨料来进行“抛光”处理。这种方式非常有效，但是比起翻滚清洁的方式，会造成更多珍珠层的丢失。有时，还会用到蜂蜡或者其他抛光剂来进行翻滚或者抛光，蜂蜡很柔软，不会损伤珍珠层，不过其他一些比较坚硬的抛光剂则会对珍珠层造成损害。

· **蜂蜡翻滚**。将珍珠与蜂蜡一起进行翻滚操作的目的主要是提高珍珠的光泽度。将蜂蜡在热锅里融化并加入竹片。在竹片被蜂蜡浸透后，与珍珠一起放在滚筒中，在一起翻滚的过程中，珍珠会逐渐裹上一层蜂蜡涂层。由于竹片比珍珠柔软，所以并不会划伤珍珠或者损害珍珠层厚度。蜂蜡涂层会赋予珍珠光泽，但这只是暂时的，这些光泽在短时间内就会消失——尤其是如果你采用超声波清洗珍珠的话，光泽消失得就更快了！

·利用化学抛光剂进行抛光。有时为了去除更多肉眼不可见的珍珠表面瑕疵，增加表面光泽，还会利用化学抛光剂对珍珠进行抛光。比起蜂蜡来，化学抛光剂所带来的光泽感更持久一些，不过仍然只是暂时的，更糟糕的是，由于这些化学物会移除珍珠层，从而会减少珍珠的寿命。

·涂层法。另一种处理方式是利用涂漆或者“珍珠精液”（一种环氧树脂鳞状混合物，常用于制作人造珍珠）来增加珍珠表面光泽。根据所使用涂料的不同，涂层可能会很快脱落，也可能相对持久一点。

在对质量较差的马贝珍珠进行处理时，通常采用的方法是在珍珠内部，就在珍珠层下方的位置进行珍珠素填充和染色。因为马贝珍珠实际上是从贝壳上切割下来的空心水泡，在其内部用其他物质进行填充以增强其持久性，所以在进行填充之前，人们很容易就可以把珍珠素涂在珍珠内部进行涂层操作。

这种做法有失公平，甚至可以被认为是一种欺诈行为，但实际上，确实是存在的。就算你面对的是市场上的一些具有厚珍珠层的高品质马贝珍珠，尤其是南海马贝珍珠，你也必须小心辨别这些马贝珍珠是否经过特殊处理，因为其珍珠层很薄且非常容易开裂。当你在购买马贝珍珠的时候，要特别注意珍珠的光泽度。你可能无法辨别出珍珠是否经过上述处理。如果你的马贝珍珠开始发生脱落或者是在你精心呵护下仍然出现开裂的话，我们建议你把它退还给珠宝商！

·填充。珍珠，尤其是天然珍珠的深裂缝、坑洼和钻孔可以用各种物质进行填充，并且与珍珠颜色和珍珠层光泽融为一体。另外，新的珍珠修复技术也在开发中，通过把珍珠重新放回软体动物体内并保存一段时间，利用软体动物来对珍珠进行修复。有时候利用放大镜我们可以检测到珍珠体内是否有填料，但如果需要确定的话，可能还需要使用珠宝实验室的检测服务。

任何会降低珍珠层厚度的加工处理方法对珍珠寿命都是有损害的。大量抛光过或者翻滚过的珍珠都会丢失一些珍珠层，这也使得它们出现开裂和剥落的风险更大。如果珍珠在处理前，珍珠层本身就很薄，在处理完成后，这些珍珠的珍珠层将会更迅速地磨损，甚至很快就只剩下贝珠。

值得注意的是，请不要把珍珠散发的微弱光泽误认为是厚珍珠层所体现出来的强烈光泽。如果你心存疑虑，请要求珠宝商提供由珠宝实验室出具的珍珠层厚度报告（参见第七部分第 17 章）。

颜色改善技术

珍珠增白工艺已经存在了几个世纪，对天然珍珠而言，这一增白的过程是天然形成的过程，珍珠在地毯上经过一段时间内阳光的照射而变白，由于地毯可以很方便地进行旋转，这样珍珠的各个部分都可以暴露在阳光下，使得颜色更均匀。如今，许多珍珠都是经过美白的，但通常这一增白过程是通过化学漂白实现的。除了漂白外，通过染色或者其他人工技术也可以进一步增强珍珠的颜色。各种广告和促销活动都在突出珍珠颜色的连续性，使得人们在购买养殖珍珠时也开始追求颜色连续性，为增强这一连续性，生产商通常会对珍珠进行漂白和染色处理来实现。

大多数南海珍珠，包括来自大溪地和南太平洋其他区域的天然黑珍珠以及美国淡水养殖珍珠，是如今的养殖珍珠中仅有的不将化学漂白和染色作为常规处理的珍珠。在购买“黑”珍珠和“金”珍珠时，特别重要的一点是记得询问珍珠颜色是不是天然形成，并获得实验室鉴定证书。许多又大又圆的中国淡水珍珠经过各种技术处理后也能拥有“绚烂”的颜色。

· **化学漂白**。化学漂白通常用于使珍珠变得更白。这已经成为许多生产商常用的颜色处理方式。

化学漂白对于薄珍珠层珍珠而言格外有害，它会降低珍珠层的硬度，使珍珠变得更加柔软，在日常佩戴过程中更容易被腐蚀。如果珍珠珠层厚度理想，通常不会对珍珠的持久性产生特别的影响，但如果珍珠珠层很薄，化学漂白会使它变得更加脆弱。

所有薄珍珠层珍珠都必须经过漂白，如果珍珠层太薄，珍珠内部褐色的贝壳硬蛋白就会显现出来，使得珍珠呈现出不理想的暗沉颜色。对厚珍珠层珍珠而言，贝壳硬蛋白并不会显现出来，对它们而言，可能并没有进行漂白的必要（请记住，牡蛎在产生构成珍珠的白色珍珠层之前，最先产生的是一层被称为“贝壳硬蛋白”的褐色物质）。要漂白珍珠，先要对珍珠进行钻孔操作，然后浸泡在漂白液中以褪去贝壳硬蛋白的褐色，这就是珍珠变白的过程。漂白处理还可以使珍珠表面颜色白得更均匀。

一种新的漂白技术也被用来创造“巧克力珍珠”——珍珠的颜色和巧克力颜色相近，由此得名

> **注意：**许多作为“巧克力”珍珠进行出售的珍珠实际上并不是通过漂白处理产生的，而是通过染色处理得来，相对来说更简单，也更便宜。

·**染色**。染色作为一种获取更理想颜色的处理方式已日渐普遍，通常伴随着漂白处理进行。

经过漂白处理的珍珠往往会过于白皙，看上去非常单一。这时候，可以将珍珠浸泡在染色液中进行染色，染色液通常是粉红色的，这会给珍珠增加一种柔软、温暖的感觉，使它们更受人喜爱。带有一抹粉红或玫瑰色的天然白珍珠是极其罕见并受人欢迎的。如今大多数粉白（玫瑰白）珍珠的“粉色”都是经过人工染色处理得来，在放大镜下可以很容易辨别出来（参见第三部分第 5 章）。

人们也可以把珍珠染成其他颜色，大多数直径小于 8mm 的黑珍珠都是经过染黑处理的。大部分的天然黑珍珠都是由南太平洋的一种大型牡蛎产生，大小往往在 8mm 以上。许多染色黑珍珠看起来与天然黑珍珠截然不同，一

澳大利亚

澳大利亚是世界上最大的白色南海珍珠的产地，澳大利亚产的珍珠能与缅甸最上等的珍珠相媲美。澳大利亚最好的珍珠——巨大的白色珍珠——被许多专家称为现代养殖珍珠市场上的“女皇”。澳大利亚吉树珍珠（见第二部分第 4 章）品质也很好。吉树珍珠是理想的选择，但现在变得越来越稀少了。

·光泽与晕彩。澳大利亚珍珠的光泽丰富而柔滑，比日本 akoya 珍珠更加柔和，但是还达不到产自缅甸上等珍珠如丝绸般柔和。有些澳大利亚产的上等珍珠会被误认为是缅甸产的。

·珍珠层厚度。通常并不会很厚。近来，大多数澳大利亚产珍珠在牡蛎中培育的时间多达 3 年，要比中国、日本品种的珍珠培育时间长很多。因而产生的珍珠层要比其他养殖珍珠更厚，通常能达到 2~2.5mm 以上，通过精心照料，澳大利亚珍珠的瑰丽能流芳后世。然而澳大利亚的珍珠珠层厚度一直在减少。选购南海珍珠时，推荐一定要查看标有珠层厚度的正规实验报告。

·颜色。澳大利亚珍珠主要是白色，还包括白粉色（白色的珍珠上有粉红色），这种颜色的珍珠最稀少，也最昂贵；银白色，同样也很昂贵；还有温暖的奶油粉色；以及蓝色、绿色、金色和黑色色调。

·珍珠表面。最稀有的品种是珍珠表面无瑕疵的，但是由于在牡蛎中养殖时间的延长，澳大利亚的珍珠通常会有些小的瑕疵。总体来说，相比中国和日本产的珍珠，澳大利亚珍珠表面上有些小瑕疵也无伤大雅。像所有品种的珍珠一样，多见识和观察，然后决定哪些是可以接受的。

·形状。优质圆形珍珠是最为稀有的。澳大利亚出产圆形和巴洛克形的养殖珍珠，有对称和不对称。

·大小。很少有小于 10mm 或大于 20mm 的珍珠，澳大利亚珍珠比较大、稀有且品质优良。

·加工。澳大利亚的规矩是越少的人工处理越好。虽然有些澳大利亚出产的珍珠会做一些染色和磨光，但人工处理优化的现象还是较少。澳大利亚的珍珠生产商有着非常高的标准，并且不鼓励对珍珠进行染色和磨光。

中国

中国在珍珠领域潜力巨大，将成为淡水珍珠和海水珍珠世界领先者。目前中国是世界上最大的淡水养殖珍珠国家，同时海水养殖珍珠的产量也在逐年稳定增长。

· **品质**。虽然中国出产的珍珠有的确实品质优良，光泽亮丽、价格合理，但也在大量生产低质量的珍珠。中国珍珠的质量参差不齐、反差强烈，所以根本不可能宽泛地与日本或其他国家的相似珍珠品种做对比。

· **海水养殖珍珠**。中国是 6mm 及 akoya 珍珠的最大出产国。产出的 akoya 珍珠质量差别很大，但是总体来说，中国 akoya 珍珠近几年的质量得到了很大提升。虽然上等的中国 akoya 珍珠仍然无法与上等的日本产 akoya 珍珠相提并论（地理差异对水源条件影响），但总体上中国海水养殖珍珠的质量还是很好的。中国曾尝试生产南海养殖珍珠，但效果并不好，现在中国将海水养殖珍珠限于 akoya 品种。

· **淡水养殖珍珠**。中国出产的淡水珍珠包括“米粒形”——一种瘦长偏窄、表面有褶皱的珍珠。还出产更大、更光滑的“扁平形”珍珠。这种珍珠常常被误认为是日本琵琶湖珍珠，实际上无论在形状、光滑度还是光泽上都无法与日本琵琶湖珍珠相媲美。但中国在圆形淡水养殖珍珠市场上占主导地位，珍珠生产商成功地培育出众多不同寻常的大个头珍珠。

圆形淡水养殖珍珠（曾经被称为“马铃薯”珍珠）是中国珍珠的亮点。这是一种由中国的“外套膜组织激活（mantle-tissue activated）”技术培育出来的新型淡水养殖珍珠。形状就像一个椭圆形的“马铃薯”一样，“马铃薯”珍珠也因此得名，但现今很多“马铃薯”珍珠的形状其实是标准的“圆形”。“马铃薯”珍珠有多种颜色，包括白色和柔和的淡色。然而这种美丽珍珠的培育技术并不被外人所知，只知道与传统的“外套膜组织移植”技术相比，植入的过程会有所不同。有些珍珠是通过注入贝珠养殖的有核珍珠。无论如何，上等的“马铃薯”珍珠美丽异常，其中很多珍珠都是全珠质珍珠，光泽与晕彩能与天然珍珠媲美。由于可大规模量产，“马铃薯”珍珠会比其他的圆形珍珠便宜。一开始这些珍珠的直径很少能达到 6mm，但是发展非常迅速；不久直径 7~9mm 的珍珠成为了主流；现今生产的珍珠直径能达到 15mm。在若干年之内，能够预测中国产的圆形淡水养殖珍珠与南海珍珠将会在价格上竞争激烈。

中国淡水珍珠种类众多，能够覆盖几乎所有颜色、大小、形状（包括棒状、十字形、硬币形、花瓣形、翅翼形）和品质。中国淡水珍珠的品质相差甚异，选购时一定要仔细对比。

选购时需特别关注珍珠的光泽、表面和形状。要牢记许多中国产的五颜六色的淡水珍珠是通过工人染色得来的，而白色珍珠通常都会经过过度的人工加工。

· **人工处理**。大多数中国出产的珍珠经过漂白和染色，人工处理现象非常普遍。很多珍珠经过过度加工，包括使用涂料等。

库克岛

与盛产“黑”珍珠的法属波利尼西亚一样，库克岛作为养殖珍珠的后起之秀，出产的珍珠有着别具一格的颜色——从淡紫色到紫红色，都富有魅力。

· **光泽与晕彩**。与大多数南海珍珠和法属波利尼西亚“黑”珍珠一样，库克岛珍珠的光泽比日本最上等珍珠更加柔和；库克岛珍珠的晕彩犹如天鹅绒般柔软，甚至比最优等的大溪地珍珠还要柔和。

· **珍珠层厚度**。通常都很厚；库克岛珍珠由于培育时间较长（通常为 2 年，但是有些生产商会缩短培育时间），珠层厚度能够与养殖南海珍珠相媲美。

· **颜色**。典型的法属波利尼西亚出产的黑珍珠呈银灰色带点黑色色调，库克岛黑珍珠主体有着独特的青铜和深灰褐色，带点“灰玫瑰色”、“淡紫色”和“紫红色”色调，美丽异常。

由于库克岛黑珍珠仅在 2 个泻湖中培育，所以颜色非常统一，而法属波利尼西亚的黑珍珠是在 50 个泻湖中培育的。每个泻湖生产的珍珠颜色上都会略有不同（这是由于水环境的原因）。因此，当人们说起“库克岛”珍珠时，就会让人联想那独特的色调——灰玫瑰色、淡紫色、紫红色——而其他地区的黑珍珠则是其他色调。库克岛珍珠性价比很高，值得购买，因为它们还不像拥有其他色调的黑珍珠一样昂贵。如果库克岛珍珠不断流行起来，价格也会越来越高。

· **品质**。虽然当今很少有黑珍珠能与上等的大溪地黑珍珠相提并论，但总体来说，在外形、表面光洁度和光泽方面，库克岛珍珠能够与大多数其他地区的黑珍珠旗鼓相当。库克岛珍珠十分漂亮，价格实惠，值得购买。

· **大小**。很少会小于 8mm，最大的珍珠通常都比大溪地珍珠要小。

· **加工**。无漂白、染色或人工增强；只做最少的人工加工。

斐济

斐济珍珠是珍珠世界冉冉升起的一颗新星，却绽放出异常夺目的光彩。斐济珍珠和法属波利尼西亚和库克岛养殖黑珍珠属于同一家族（黑唇珠母贝），但是斐济珍珠的颜色和个头让它脱颖而出。斐济的牡蛎在山区沿海地区的岸礁里生长，能够产出巨大而拥有独特色彩的珍珠，与其他黑唇珠母贝家族的珍珠不同，这些珍珠是鲜艳的金色和明亮的淡色。斐济还盛产绚丽多姿、个头大的柯氏珍珠，这种珍珠是许多珍珠收藏家和珠宝设计师都追寻的瑰宝。

· **光泽和晕彩**。有的光泽像天鹅绒般柔和，有的却异常明亮。由于珠层较厚，这些珍珠通常晕彩都很明显，看起来泛着彩虹色的光。

· **颜色**。斐济珍珠以独特颜色闻名于世。最有代表性的是淡色色调，包括黄色、粉色、淡绿色和银色。有的斐济珍珠会更鲜亮，亮色色调的如金色、孔雀绿、紫红色和蓝色，更深更奇异的色调有绿色、青铜色和棕色。孔雀绿色调通常出现在蓝色与绿色珍珠中，亮绿色伴色在金色斐济珍珠中能够见到。

· **珍珠表面光洁度**。无瑕疵的斐济珍珠异常稀少。典型的斐济珍珠有小的瑕疵。有明显白色瑕疵的斐济珍珠不受欢迎，价格也会低很多。

· **形状**。完全圆形的斐济珍珠非常稀少，尤其是表面光洁、光泽强烈的更加稀有。对称的梨形珍珠同样也很少见。其他形状的珍珠较多，包括半巴洛克形、巴洛克形、圆圈形（也被成为“环形”）。

· **大小**。斐济珍珠很少有小 9mm 的，平均直径 10~12mm 之间。大约有 5% 的珍珠直径能达到 14mm，对于珠母贝家族来说是很高的比例。

· **人工加工**。斐济珍珠百分之百有保证不会被漂白、染色或者通过任何人工方法进行颜色增强。斐济珍珠只会进行一些初级的清洗、打磨等常规的必要加工。

印度尼西亚和菲律宾

印度尼西亚和菲律宾出产异域风格的奶油色、黄色和金色的珍珠在市场引发了轩然大波。许多年来，传统的“纯白”珍珠要比暖色调的奶油色或黄色珍珠更受人们青睐。然而潮流变了。珍珠的消费者变得更加精明，不再使用统一的规则来判断珍珠的好坏，颜色也慢慢淡去了好坏之分。印度尼西亚和菲律宾优质养殖珍珠对于喜欢“暖”色调的消费者来说是一个绝佳选择。

本书下面将会带你一起领略一下恬静而异域的菲律宾养殖珍珠（对于印度尼西亚珍珠我们只能表示非常遗憾，之前印度尼西亚出产浓郁的深金色珍珠，还生产美丽的带点瑕疵的粉色珍珠。但遭遇了一系列的自然灾害之后，印度尼西亚的珍珠生产受到了巨大影响。因此，本章会注重介绍菲律宾珍珠，但是印度尼西亚珍珠的产量和品质都有所回升，占了当今南海养殖珍珠市场产量的 30%。印度尼西亚应当在成为高品质南海养殖珍珠主要出产国的道路上继续前进）。

菲律宾

生产优质海南养殖珍珠的主要条件是拥有干净健康的海洋环境，而菲律宾珍珠养殖场一直在朝着这个方向努力。

菲律宾的巴拉望群岛具有丰富的海洋生态资源，是菲律宾珍珠养殖的理想场所。巴拉望群岛原始的水生环境、强水流循环和温和的气候给“大珠母贝”牡蛎提供了生长和培育南海养殖珍珠的理想环境。

在贝类孵化场之前，天然牡蛎养殖场很早就建成了，但是随着采珠业和过度开发，大珠母贝的野生养殖场濒临消失。因此，珠农们开始有节制地进行牡蛎饲养。除了保护金唇珠母贝，贝类孵化场还保证有充足的牡蛎来培育菲律宾南海养殖珍珠。贝类孵化场按照牡蛎的年龄和大小来分批生产，确保出产的珍珠品质统一。

· **品质。**菲律宾珍珠有一部分和其他南海珍珠生产国一样，都产自白唇牡蛎。还有一部分菲律宾珍珠则是产自黄唇牡蛎，这类牡蛎培育的珍珠是深金色的，更加浓郁。菲律宾珍珠的品质与其他南海珍珠相近但是晕彩更加明亮。珠层厚度比中国养殖珍珠和日本养殖珍珠要厚。形状多种多样，表面光洁度参差不齐。整体的个头比中国和日本养殖珍珠要大，能够达到其他地区南海珍珠的大小（印度尼西亚珍珠通常比其他地区南海珍珠要小，与大颗 akoya 珍珠个头相近。在较小个头的珍珠中，印度尼西亚珍珠具有厚实的珍珠层，是替代大 akoya 珍珠的理想选择）。

注意：有些 3/4 的菲律宾珍珠会被拿来充当圆形珍珠来卖。

·颜色。虽然如今印度尼西亚也产出一些小颗的纯白珍珠（10~11mm），但颜色依旧是菲律宾和印度尼西亚珍珠独有的特征，有的是带点黄色色调的奶油色，也有的是浓郁的深金色，这些颜色非常适合棕色和茶色的肤色。珍珠的颜色越浓郁就越稀有。优质的深金色珍珠甚至比同等白粉色南海养殖珍珠还要昂贵；浅黄色或奶黄色不是很罕见，价格上也会比同等白色南海珍珠稍便宜。

在评估颜色时，一定要弄清楚什么颜色是你喜欢的，什么颜色是最稀有、珍贵的，以及什么颜色是较常见、实惠的。另外，对于“主体色”和“伴色”，记住对于黄色珍珠来说，无论伴色有多淡或有多深，“伴色”是评价黄色珍珠的重要的标准；“伴色”少许的不同就能导致价格上的天差地别。

小贴士：当比较彩色珍珠时，一定要尽量在相同光线条件下进行比较。因为这些彩色珍珠在日光下、室内荧光灯下、白炽灯下、聚光灯下会表现出不同的颜色。

·人工加工。菲律宾珍珠无漂白、染色或人工增强。优质珍珠只有常规的清洗；低品质的珍珠会使用机械抛光。不会使用任何化学用品，无表面涂层。

注意：有些低品质珍珠会通过人工上色和表面涂层来仿造成优质菲律宾珍珠。因此，推荐查看珍珠的实验报告来确定它的颜色和光泽是天然形成的，而非人造的。

日本

日本出产的 akoya 珍珠被人们称作“珍珠中的珍珠”——圆润华丽、富有光泽、颜色纯白！虽然最上等的日本养殖珍珠非常昂贵，尤其是 8mm 以上大小的，但比起更大、更昂贵的南海珍珠（很多人都买不起，只能想想罢了），日本珍珠也显得不是那么贵了。

· **光泽与晕彩**。优质的 akoya 珍珠在白色圆形海水养殖珍珠中光泽最为强烈。选购时要选具有强烈光泽的 akoya 珍珠，不要选光泽微弱的珍珠，光泽弱表示珍珠的珠层厚度较薄。当珠层较厚时，旋转珍珠就可以看到珍贵而柔和的彩虹色，人们将这种彩虹色称为“晕彩”。

在价格承受范围内要选购最贵的，但是千万别选购那些光泽弱的。光泽强烈永远是第一位的，即使这颗珍珠的形状不是那么完美或者表面有小的瑕疵也无所谓。

· **珍珠层厚度**。比起南海珍珠来说，日本 akoya 珍珠珠层厚度要薄一些，根据生产商的不同，akoya 珍珠的珠层厚度也不尽相同。总的来说，比中国 akoya 珍珠还是要厚一些，有些最上等的日本养殖珍珠的珠层厚度能够非常厚。通常日本 akoya 圆形珍珠的平均珠层厚度都在 0.35mm 以下，有些甚至还达不到 0.1mm。而最上等的日本 akoya 珍珠珠层厚度能够达到 1mm（珠层在圆形珍珠的两边，相当于占珍珠直径的 2mm）。还有一些特别稀有的珍珠，珠层厚度能超过 1mm。

· **颜色**。通常都是白色的。最稀有的品种是白色表面带点粉红色；有些品种带点奶油色，看起来也很舒服美丽；还有一些有着微微绿色伴色，价格会稍便宜点，但搭配特定肤色看起来会非常优美。总的来说，“白色”日本珍珠要比中国珍珠更加白一些。偶尔有些日本珍珠有不常见的颜色，包括粉色、蓝色、金色和灰色。日本也出产天然“黑”珍珠，这些黑珍珠也是通过“黑唇”牡蛎培育的，在外表上与法属波利尼西亚黑珍珠相似，但是个头稍小。

9/ 珍珠价格指南

比较珍珠价格，人们总是想找到一个简单的答案，却忽略了价格问题非常复杂。许多人都会根据品质和大小来将珍珠分类，标出品种和价格。但是市场在不断变化的，全球又没有通用的质量评分标准，因此简单的标价几乎是不可能。

在这里我们还是可以给消费者提供一个指导价，通过指导价，你能够明白不同种类的珍珠价格上有何区别，以及珍珠的大小、品质是如何影响珍珠价格的。

下面表格内的价格并不是你在珠宝店里购买相应珍珠时的对应价格，但可以作为价格对比的参考依据。

美国养殖淡水珍珠

硬币形

每颗珍珠的价格

	好	极好	珠宝级别（最佳）
10.5 × 4mm	$40.00~70.00	$80.00~100.00	$130.00~150.00
12.5 × 4mm	$50.00~90.00	$100.00~130.00	$160.00~300.00
13+mm	$80.00~130.00	$170.00~250.00	$350.00~400.00
14+mm	$120.00~170.00	$200.00~320.00	$350.00~500.00

棒状

每颗珍珠的价格

	好	极好	珠宝级别（最佳）
15.2 - 16 × 3~3.5 mm	$24.00~50.00	$60.00~70.00	$90.00~100.00
16 - 17 × 3.5~4 mm	$30.00~40.00	$80.00~90.00	$50.00~60.00
20 × 9.5 × 7 mm	$160.00~250.00	$300.00~400.00	$400.00~1,000.00

扁形

每颗珍珠价格

	好	极好	珠宝级别（最佳）
17.5 × 8 × 5.5 mm	$40.00~90.00	$90.00~100.00	$150.00~160.00

卵形

每颗珍珠价格

	好	极好	珠宝级别（最佳）
24.5 × 7 × 4.5 mm	$50.00~70.00	$80.00~90.00	$150.00~160.00

成对的珍珠价格会更贵一点，大约贵 10%。自然色的珍珠较难配成对。表中价格针对无染色、漂白和人工增强的珍珠，尺寸大约在 1mm 以内。若出售的珍珠光泽和晕彩强烈，为圆形或对称形状，则售价将会比表中价格贵很多。

数据来源：*The Gem Guide*,Gemworld International,Inc.,Glenview, Illinois. Prices adjusted to retail.

海水养殖珍珠项链

短项链（长度 16"）/ 公主型项链（长度 18"）

带有 14K 搭扣，每串项链的价格

	Commercial 1–4 B	良 4–6 A	优 6–8 AA	特别优 8–10 AAA
2~2.5mm 16"	$200~250	$250~500	$500~650	$650~750
2.5~3mm 16"	$200~300	$300~500	$500~650	$650~700
3~3.5mm 16"	$200~300	$300~500	$500~650	$650~730
3.5~4mm 16"	$200~325	$325~500	$500~700	$700~800
4~4.5mm 16"	$200~330	$330~550	$550~750	$750~1,000
4.5~5mm 16"	$200~370	$370~600	$600~800	$800~1,200
5~5.5mm 16"	$200~400	$400~800	$800~1,100	$1,100~1,400
5.5~6mm 16"	$240~500	$500~800	$800~1,000	$1,000~1,300
6~6.5mm 18"	$200~500	$500~900	$900~1,500	$1,500~2,000
6.5~7mm 18"	$250~550	$550~1,200	$1,200~1,800	$1,800~3,000
7~7.5mm 18"	$400~700	$700~1,400	$1,400~2,400	$2,400~4,000
7.5~8mm 18"	$500~1,000	$1,000~1,800	$1,800~3,400	$3,400~5,200
8~8.5mm 18"	$700~1,500	$1,500~2,600	$2,600~4,400	$4,400~7,000
8.5~9mm 18"	$1,000~2,200	$2,200~4,400	$4,400~6,000	$6,000~9,200
9~9.5mm 18"	$2,200~4,400	$4,400~7,000	$7,000~11,000	$11,000~16,000
9.5~10mm 18"	$2,600~6,000	$6,000~10,000	$10,000~16,000	$16,000~24,000

一些制造商也许会生产 5~5.5mm 和 5.5~6mm 长度 18 英寸的珍珠项链。

若出售的珍珠光泽和晕彩强烈，为圆形或对称形状，则售价将会比表中价格贵很多。

数据来源：*The Gem Guide*, Gemworld International,Inc.,Glenview,Illinois. Prices adjusted to retail.

海水养殖珍珠项链

玛蒂妮项链（Matinee）（长度 24" 到 27"）

带有 14K 搭扣，每串项链的价格

	Commercial 1–4 B	良 4–6 A	优 6–8 AA	特别优 8–10 AAA
2~2.5mm 24"	$300~400	$400~750	$750~950	$950~1,150
2.5~3mm 24"	$300~450	$450~750	$750~1,000	$1,000~1,200
3~3.5mm 24"	$300~450	$450~750	$750~1,000	$1,000~1,200
3.5~4mm 24"	$300~450	$450~750	$750~1,050	$1,050~1,250
4~4.5mm 24"	$300~500	$500~850	$850~1,150	$1,150~1,350
4.5~5mm 24"	$300~560	$560~900	$900~1,200	$1,200~1,500
5~5.5mm 24"	$300~600	$600~1,200	$1,200~1,650	$1,650~2,100
5.5~6mm 24"	$360~750	$750~1,200	$1,200~1,500	$1,500~2,000
6~6.5mm 27"	$300~750	$750~1,400	$1,400~2,250	$2,250~3,300
6.5~7mm 27"	$380~850	$850~1,800	$1,800~2,700	$2,700~4,500
7~7.5mm 27"	$600~1,100	$1,100~2,100	$2,100~3,600	$3,600~6,000
7.5~8mm 27"	$750~1,500	$1,500~2,700	$2,700~5,000	$5,000~8,000
8~8.5mm 27"	$1,050~2,250	$2,250~4,000	$4,000~6,600	$6,600~10,000
8.5~9mm 27"	$1,500~3,300	$3,300~6,600	$6,600~8,000	$8,000~13,000
9~9.5mm 27"	$3,300~6,600	$6,600~10,500	$10,500~16,000	$16,000~24,000
9.5~10mm 27"	$4,000~10,000	$10,000~16,000	$16,000~24,000	$24,000~36,000

若出售的珍珠光泽和晕彩强烈，为圆形或对称形状，则售价将会比表中价格贵很多。

数据来源：*The Gem Guide*, Gemworld International, Inc., Glenview, Illinois. Prices adjusted to retail.

海水养殖珍珠项链

歌剧型项链（长度 32" 到 36"）

带有 14K 搭扣，每串项链的价格

	Commercial 1-4 B	良 4-6 A	优 6-8 AA	特别优 8-10 AAA
4~4.5mm 32"	$400~650	$650~1,100	$1,100~1,600	$1,600~2,000
4.5~5mm 32"	$400~700	$700~1,200	$1,200~1,700	$1,700~1,100（？）
5~5.5mm 32"	$400~800	$800~1,600	$1,600~2,200	$2,200~2,800
5.5~6mm 32"	$400~1,000	$1,000~1,600	$1,600~2,000	$2,000~2,600
6~6.5mm 36"	$400~1,000	$1,000~1,800	$1,800~3,000	$3,000~4,400
6.5~7mm 36"	$500~1,100	$1,100~2,400	$2,400~3,600	$3,600~6,000
7~7.5mm 36"	$800~1,400	$1,400~2,800	$2,800~4,800	$4,800~8,000
7.5~8mm 36"	$1,000~2,000	$2,000~3,600	$3,600~6,400	$6,400~10,000
8~8.5mm 36"	$1,400~3,000	$3,000~5,200	$5,200~8,800	$8,800~14,000
8.5~9mm 36"	$2,200~4,400	$4,400~8,800	$8,800~12,000	$12,000~18,000
9~9.5mm 36"	$4,400~8,800	$8,800~14,000	$14,000~22,000	$22,000~36,000
9.5~10mm 36"	$5,000~12,000	$12,000~20,000	$20,000~32,000	$32,000~45,000

海水养殖珍珠项链

渐变型项链（长度 19"）

带有 14K 搭扣，每串项链的价格
中间大珍珠、两端小珍珠

	Commercial 1-4 B	良 4-6 A	优 6-8 AA	特别优 8-10 AAA
3×7mm	$350~550	$550~850	$850~1,350	$1,350~2,000
4×8mm	$400~600	$600~1,200	$1,200~1,800	$1,800~3,000

若出售的珍珠光泽和晕彩强烈，为圆形或对称形状，则售价将会比表中价格贵很多。
数据来源：*The Gem Guide*, Gemworld International, Inc., Glenview, Illinois. Prices adjusted to retail.

南海养殖珍珠

每颗珍珠价格

	Commercial 1-4 B	良 4-6 A	优 6-8 AA	特别优 8-10 AAA
10mm~11mm	$170~360	$360~500	$500~800	$800~1,100
11mm~12mm	$200~400	$400~650	$650~1,000	$1,000~1,700
12mm~13mm	$300~500	$500~850	$850~1,500	$1,500~2,000
13mm~14mm	$500~700	$700~1,200	$1,200~2,000	$2,000~3,600
14mm~14.5mm	$600~1,000	$1,000~1,800	$1,800~3,200	$3,200~6,000
14.5mm~15mm	$700~1,400	$1,400~2,600	$2,600~5,000	$5,000~7,000
15mm~15.5mm	$1,000~1,600	$1,600~3,200	$3,200~6,000	$6,000~4,000

若出售的珍珠光泽和晕彩强烈，为圆形或对称形状，则售价将会比表中价格贵很多。

数据来源：*The Gem Guide*,Gemworld International,Inc.,Glenview,Illinois. Prices adjusted to retail.

大溪地养殖黑珍珠

圆形

每颗珍珠价格

	Commercial C	良 B	良＋ B+	优 A
up to 8mm	$60~75	$75~90	$90~110	$110~250
8~8.5mm	$50~100	$100~180	$180~270	$270~380
8.5~9mm	$50~110	$110~200	$200~330	$330~400
9~9.5mm	$60~140	$140~250	$250~440	$440~570
9.5~10mm	$70~150	$150~280	$280~450	$450~600
10~10.5mm	$90~170	$170~400	$400~490	$490~750
10.5~11mm	$100~180	$180~420	$470~530	$530~770
11~11.5mm	$120~270	$270~450	$450~600	$600~800
11.5~12mm	$140~290	$290~480	$480~770	$770~880

大溪地养殖黑珍珠

圆形

每颗珍珠价格　　续表

	Commercial C	良 B	良+ B+	优 A
12~12.5mm	$160~320	$320~560	$560~780	$780~1,150
12.5~13mm	$180~360	$360~700	$700~950	$950~1,750
13~13.5mm	$200~400	$400~800	$800~1,100	$1,100~1,800
13.5~14mm	$220~500	$500~850	$850~1,325	$1,325~2,400

比 12mm 大的珍珠和项链是可议价的。
成对的珍珠价格要高 10%。
若出售的珍珠光泽和晕彩强烈，为圆形或对称形状，则售价将会比表中价格贵很多。
数据来源：*The Gem Guide*,Gemworld International,Inc.,Glenview,Illinois. Prices adjusted to retail.

大溪地养殖黑珍珠

水滴形或纽扣形

每颗珍珠价格

	Commercial C	良 B	良+ B+	优 A
up to 8mm	$35~60	$60~90	$90~140	$140~225
8~8.5mm	$30~50	$50~80	$80~130	$130~250
8.5~9mm	$30~50	$50~100	$100~160	$160~270
9~9.5mm	$40~80	$80~120	$120~180	$180~350
9.5~10mm	$60~90	$90~130	$130~200	$200~380
10~10.5mm	$80~120	$120~180	$180~280	$280~400
10.5~11mm	$80~130	$130~220	$220~300	$300~440
11~11.5mm	$100~140	$140~250	$250~440	$440~700
11.5~12mm	$150~190	$190~260	$260~480	$480~750
12~12.5mm	$160~200	$200~360	$360~550	$550~800
12.5~13mm	$180~220	$220~400	$400~700	$700~1,000
13~13.5mm	$200~290	$290~500	$500~800	$800~1,200
13.5~14mm	$240~320	$320~600	$600~1,100	$1,100~1,600

比 12mm 大的珍珠和项链是可议价的。
成对的珍珠价格要高 10%。
若出售的珍珠光泽和晕彩强烈，为圆形或对称形状，则售价将会比表中价格贵很多。
数据来源：*The Gem Guide*,Gemworld International,Inc.,Glenview,Illinois. Prices adjusted to retail.

大溪地养殖黑珍珠

圆圈形（Circlés）

每颗珍珠价格

	Commercial C	良 B	优 A
up to 8mm	\$25~50	\$50~75	\$75~110
8~9mm	\$30~60	\$60~100	\$100~130
9~10mm	\$40~70	\$70~110	\$110~150
10~11mm	\$50~80	\$80~130	\$130~160
11~12mm	\$60~120	\$120~180	\$180~220
12~13mm	\$70~140	\$140~200	\$200~350
13~14mm	\$80~180	\$180~350	\$350~450

比 12mm 大的珍珠和项链是可议价的。
成对的珍珠价格要高 10%。

巴洛克形珍珠

每颗价格

8mm	\$10~40
8~9mm	\$10~50
9~10mm	\$40~80

若出售的珍珠光泽和晕彩强烈，为圆形或对称形状，则售价将会比表中价格贵很多。
数据来源：*The Gem Guide*,Gemworld International,Inc.,Glenview,Illinois. Prices adjusted to retail.

中国淡水米粒珍珠项链（白色）

公主项链（长度18"）

每串价格

	Commercial	良	优
4 to 4.5mm	$5~15	$20~70	$70~180
5 to 5.5mm	$10~50	$50~100	$100~250
6 to 6.5mm	$18~60	$60~125	$125~500
7 to 7.5mm	$25~80	$80~325	$325~850
8 to 8.5mm	$50~100	$400~1,000	$1,000~3,600
9 to 9.5mm	$200~400	$500~1,500	$2,000~5,000
10 to 10.5mm	$400~800	$800~2,000	$2,500~7,000
11 to 11.5	$650~1,000	$1,000~3,000	$3,000~9,000

若出售的珍珠光泽和晕彩强烈，为圆形或对称形状，则售价将会比表中价格贵很多。

数据来源：*The Gem Guide*,Gemworld International,Inc.,Glenview, Illinois. Prices adjusted to retail.

10/ 专家讲珍珠

在这一章，你会看到来自各国知名专家和珍珠养殖商对珍珠的评价，这些专家都是国际公认的权威人士。你会发现在这一章中穿插着很多他们的看法，包括很有趣的个人回忆和故事、选择珍珠的一些建议，以及一些不寻常的“购买诀窍”。这些是总结了他们根据多年养殖和销售珍珠的经验。既有趣又实用（我们希望你能汲取经验，尤其是他们都说起的经验，毕竟这些人是“真的知道”）。

我们认为你会发现这一章非常有助于你更好地了解所需所选。

Eve J.Alfillé
Eve J.Alfillé Gallery（美国）

Eve J.Alfillé Gallery 是美国领先的珠宝设计馆，在使用不同品种和颜色的珍珠方面尤为出名。Alfillé 曾经是国际珍珠协会的理事会成员，也是国际珍珠协会的创始人和主任，国际珍珠协会是一个珍珠鉴赏组织。

Alfillé——对珍珠光泽的独特见解

多注意形状与众不同的珍珠。我们已经习惯买圆珍珠，因为供应商供应的就是圆珍珠，大多数珠宝商觉得这是最安全的交易。而我更喜欢不规则形状的珍珠，尤其是大型的巴洛克珍珠、吉树珠、琵琶湖的淡水珍珠、美国的淡水珍珠和鲍鱼珍珠。我喜欢它们，因为每一个都是独特的，具有神奇的创造性，可以创造最有趣的、最独特的珠宝。更重要的是，这些珍珠呈现出特有的、闪耀着彩虹色彩的光泽，这使它们不同于其他珍珠，让它们更加美丽，而这种美丽正是其他珍珠所缺乏的。

白色以外的任何颜色可以创造别样的心情

多多关注珍珠不同寻常或细微之处的颜色变化。我们已经被洗脑了，认为我们必须佩戴白色或粉红色的珍珠，但事实并非如此，比如说黑发的人，佩戴精细的象牙色或奶油色会更美。在欧洲，这些奶油色的珍珠能带来溢价，而在美国，更实惠。巴洛克珍珠、吉树珠、琵琶湖珍珠、美洲淡水珠，以及中国一些新的淡水珍珠拥有象牙白、奶油色等可爱的颜色，此外还有各种鲜艳的颜色，如淡紫色、桃色、蓝色、玫瑰色、绿色、金色、灰色。合适的颜色搭配合适的设计，可以强化任何你希望创造的颜色，塑造出温柔的女性美、安静端庄的感觉或略微的感性美。也可以与彩色宝石结合，看起来非常可爱。但为了看到这样的颜色，你需要找到一位真正热爱珍珠并擅长挑选珍珠的珠宝商。

Salvador Assael
Assael International（美国）

Salvador Assael是Assael International的主席，这个公司以稀有而昂贵的宝石闻名。Assael是一位珍珠生产者，也是一位优秀的珍珠进口商，主要进口大溪地的天然黑珍珠和南海养殖的白珍珠。他对珍珠养殖产业近50年的发展产生了重大的影响，也是美国大溪地黑珍珠协会的会长和南海珍珠协会的董事。

Assael——关于无价之宝珍珠的故事

如果我的思想和记忆可以回忆出所有我经手的不可思议的珍珠，不管是天然的还是人工的，我描述出来需要的不是一张纸，而是50张纸。但最难忘的，仅仅是一个故事。

1986年，当我们整理新到的白色珍珠的时候，竟然发现了一颗令人难以置信的、巨大的“纽扣”珍珠，直径大约是24mm。这颗珍珠外形非常精美，但是颜色非常可怕，毫无疑问是我们见过的珍珠中最不讨喜的。尽管如此，我们还是不得不给它定价，虽然我们不知道如何去做。所有的工作人员，包括我自己，都不知道它的价值，但我们最后决定给它定价3000美元，是因为它罕见的大小和形状。

但是，当我突然把珍珠转过来时，我看到后面有几个重叠层，完全是好奇，我开始在那个特殊的地方剥皮[①]。我注意到其中一个中心层有一个大的开口，

① 珍珠层的剥离是一种古老的、即将灭亡的艺术，世界上只有少数的珍珠专家仍然知道如何操作这项古老的技术。

这下面有可能藏着更美丽的东西？为了简述这个长的故事，简短地说，我们终于决定给珍珠剥皮。这是一场赌博，一方面我们可能会破坏已经拥有的东西，另一方面我们可能会发现藏在下面一些不同的东西。

我们充满希望，我们兴致勃勃，但是我们也充满怀疑，有可能我们的这个决定是非常愚蠢的。给珍珠剥皮是有很大风险：它可以显现更好的东西，同时也可能揭示一些更坏的东西（生活中是不是也常有这样的情况？）。之后，我们终于看到了在表面之下，藏着的东西比我们想象中更为精致……这是我们曾发现的最难得、最华丽的粉红色珍珠之一！我们静静地凝视着这颗外形精巧的、一尘不染、闪着光泽的、直径22mm的粉红色珍珠！在那之前，我从来没有见过或处理过这种大小、质量如此漂亮的珍珠。很少有这样珍贵的珍珠！它很快就以100,000美元的价格被抢购了，发现它那难以抗拒的美丽并购买的是一个叫作“伟大的女性社会”的机构（至少珠宝商是这么告诉我们的）！

这是我最喜欢的故事之一，虽然只是关于一颗珍珠的故事，却是如此真实，正如真实的人和生活。我经常从珍珠身上，而不是其他任何宝石上，发现生活本身无尽的隐喻。这也是我如此钟爱珍珠的另一个原因。

独特养殖黑珍珠的象征意义

在自然世界里，我们不会发现白色珍珠的柔美，但我们可以感受到在珍珠外表下所包含的激情四射与炫丽多姿的心潮澎湃，也可以感受到多种颜色如此和谐地融为一体带来的无与伦比的美丽。波利尼西亚的黑珍珠所散发的光泽如同暴风雨后彩虹的折射，成了人类希望的象征。

世界上最大养殖黑珍珠

黑蝶贝、黑唇牡蛎养殖培育的天然黑珍珠可以产出大珍珠，有时收获不寻常珍珠是意料中的事情。而这种牡蛎品种中生产大而圆的珍珠（18mm 以上）却是非常罕见的，品种优良的更为罕见了。因此可以想象，1994 年当我们看到由大溪地马鲁特阿湖的牡蛎培育的直径为 19mm、圆度完美而质量超群的珍珠时，是多么惊讶。这是迄今为止我们收获的最大的、黑色的、圆形的养殖珍珠，也是我们现在唯一拥有的一颗养殖珍珠。

Jacques Branellec

Jewelmer International（菲律宾）

Jacques Branellec 是 Jewelmer 的主席。1979 年，他和搭档 Manuel Cojuangco 一起创立了 Jewelmer（Jewelmer 现在是菲律宾南海珍珠的主要生产商）。Jacques Branellec 积极参与培育、收获、销售养殖珍珠已经长达 30 年了。

Branellec——帮助你找到真正想要的珍珠

珍珠的评判带有很大的主观性。钻石的价值可以通过被普遍接受的评测系统精确地进行评估，珍珠与钻石不同，大部分情况下，珍珠必须进行主观评估。成色和光泽是判断珍珠价值最重要的两个因素。如果成色和光泽都很丰富、很美丽，其他所有的因素都可以留作个人偏好和财务上的考虑。

买珍珠的时候，请到有正规鉴定证书的珠宝商处购买，确认珍珠的真实性和颜色的自然性，也可以从一位知识渊博的零售商那里购买，但最重要的是这些零售商必须具有丰富的、专业的珍珠知识。记住，不是所有的零售商都了解珍珠，尤其是珍珠质量和价值的差异（这一点尤其适用于珍珠生产国街道上的那些小摊贩）。你必须寻找真正了解珍珠并知道如何评估珍珠的珠宝商，这是最有保障的选择，这样做可以帮你得到真正质量好的珍珠。

你需要像葡萄酒鉴赏家知道酒是从哪里来的那样了解你的珍珠来自哪里，确保与你交易的珠宝商是直接从生产商或声誉很好的进口商那里得到珍珠的，这将有助于保证你们之间的沟通是准确的。

Bartholomew D'Elia
D'Elia & Tasaki（美国）

Bartholomew D'Elia是D'Elia & Tasaki有限公司的主席，D'Elia & Tasaki由他的曾祖父在1856年创立，是一家专门从事珍珠生意的公司。D'Elia作为珍珠进口商和供应商，已经有了超过40年的经验，他的职业生涯始于1948年，那时他开始在日本的一个珍珠养殖场学习所有培育、加工、选择珍珠的知识，那时在日本生活的美国人只有4个，他就是其中之一，他的公司也是当时唯一一家在日本有办公室的美国珍珠公司。

D'Elia——得到了Mikimoto（御木本公司）个人珍藏品——到底发生了什么！

那是1948年，我当时26岁，正好在东京住了一段时间，学习了解珍珠。战争结束，日本人和美国人都在努力构建经济上的联系，这将给两国带来深远的影响。当时的日本政府正试图打破巨大的珍珠行业的垄断现象，并且创立了CILC——关闭机构清算委员会（Closed Institutions Liquidating Committee）。所有的珍珠都要上缴CILC，由CILC拍卖。所以，我在同一时间试图建立自己的品牌并继续维持D'Elia在珍珠行业的领导地位，日本的珍珠业不得不面临产品清算的问题。

就在我即将离开日本回国的前天凌晨2点，我接到一个电话。“请问是谁？”我问。“Bart，”电话另一端说，“那个老人想见见你。我不方便在电话里谈论，但我知道这是一个你不想错过的机会。明天到岛来。”他挂了电话。

D’Elia 和 Mikimoto

那个“老人”就是89岁的御木本幸吉（Mikimoto），他是日本珍珠文化发展的传奇先锋。他认识我的父亲和爷爷，并且是很好的朋友。那个“岛”是他著名的珍珠养殖场，他在那里生活，在那里生产了很多世界上最好的珍珠。我感觉到这是一件非常重要的事情，这件事一生中也许只会发生一次，所以我取消了回国的行程，去了御木本的多巴岛。

老人跟我打招呼，把我带进了他的小房子里。我注意到当我走进房间的时候，地板发出奇怪的吱吱声。我们坐在一起聊天，大概聊了一盏茶的工夫。老人说，“你知道的，我上缴了很多珍珠给CILC。”然后笑了笑，接着说，“但我为自己留了一些。Bart，你现在正坐在它们上面。”

我那时才意识到，御木本家的地板下面是他的私人收藏，而且是由传说中的珍珠大师亲自挑选的。然后他转向我说：“如果你想买它们，那就是你的了。”所以，我做了一个一生只此一次的珍珠购买交易，这也是一次我永远不会忘记的交易。

D’Elia——对现今珍珠质量和处理的讨论

近年来，很不幸的是，珍珠的原材料（日本称为“hama-age”——未经处理的珍珠）在质量上有很明显的下降。这意味着，我们要做的第一件事情是珍珠的养殖（这里D’Elia指的是珠层的质量和厚度）。一般来说，形状和颜色都很重要的，但这在一定程度上也是个人偏好的问题。

珍珠原材料受到处理程度一直是很受人们关注。坦率地说，现在过度处理的珍珠很常见，但是过度处理的珍珠往往会失去颜色甚至失去光泽。

Peter Fischer
President，Pearl Division，Golay Group（瑞士）

Peter Fischer 是格雷集团国际珍珠网的掌舵人。格雷的珍珠交易的历史可以追溯到 1887 年，当时瑞士的创始人 Louis-Auguste Golay 从事天然珍珠和其他宝石的贸易。在 20 世纪，集团销售网络已经分布 13 个国家，有 18 家珍珠贸易办事处。Fischer 对珍珠贸易产生了许多重要影响，他加强了珍珠生产和珍珠销售间的联系，使珍珠可以更好地销往世界各地。

我进入珍珠行业间的第一个问题是，为什么几乎所有的珍珠专家会把珍珠的形状、大小和颜色作为评判珍珠质量的标准，这些因素并不影响珍珠的内在质量，高质量的珍珠，可以是不同的大小、不同的形状、不同的颜色。因此，在选择珍珠方面，我给所有人的第一个建议是忽略很多所谓“专家”的说法，从形状、尺寸和颜色等方面选择你真正喜欢的珍珠。

珍珠的内在品质是最重要的因素，而影响珍珠内在品质的最重要的两个因素是珍珠层和光泽度——珍珠层反映了珍珠的本质，光泽度反映了珍珠的生活。即使你的预算非常有限，这两点也是不能做出让步的，如今在这两点上让步就更没有必要了。我们有幸能生活在 21 世纪，这是珍珠的时代，珍珠的养殖数量足以确保珍珠的质量，即色彩有深度、有光泽，价格范围很宽，从 100 美元到超过 100 万美元不等，可以满足不同人的需求。

精美的、漂亮的珍珠具有独特的个性：高雅的晚会中，珍珠项链是最完美的，可以和谐地融入晚会，同时，对于不过分讲究穿戴的人，珍珠项链也可以搭配牛仔裤。珍珠的美丽在于其风格可以随佩戴者而变化，不需要佩戴者考虑珍珠的搭配风格。

我个人认为珍珠是送给爱人的最理想礼物，几个世纪以来，珍珠那柔和的光芒、感性的曲线、无比的纯洁，让它成为了爱的完美象征。当我看到妻子佩戴着珍珠，我会感到无比的喜悦和骄傲，因为珍珠和我的妻子形成了一种自然而美丽的互补，衬托着彼此的美好。

Dr. H. A. Hanni

Swiss Gemmological Institute（瑞士）

H. A. Hanni 博士是瑞士宝石学研究所所长，是世界首屈一指的宝石学家，也是宝石学界领先的研究科学家。在欧洲，他被特许查看世界上最精美的宝石和珠宝，其中很多是皇家拥有的。因此，他在精美的天然珍珠和养殖珍珠方面有着丰富的经验。

Hanni——关于何时购买珍珠的几个因素的比较

首先，解释一下珍珠报告中的用词。我们实验室对带珠子（珍珠母壳核）的养殖珍珠的珍珠层厚度还从未有明确的要求，如果有这样的要求，我们会很乐意遵守。这很容易实现，因为我们知道珍珠的实际直径，可以计算出细晶膜阴影的放大系数（这里 Hanni 指的是覆盖核的珍珠层，也就是在 X 射线中观察到的那层）。由于没有珍珠层厚度公认的质量指标，所以我们在书面报告中不能使用像“厚”或“薄”这样的字眼，但我们可以用单位“mm”

来表示实际的珍珠层厚度。

天然珍珠：

·我认为，挑选天然珍珠最重要的因素是：尺寸、光泽、形状、颜色和成色。不要期待从成串的珍珠上看到相同的均匀性。

·检查天然珍珠，确保珍珠表面没有很多脱落的区域（不要把这与养殖珍珠珠层的剥皮混淆，否则这会暴露珍珠的内里，这意味着你很快就会失去珍珠。天然珍珠，表面可能会有一些剥离，特别是表面上或表面下会有一些钙质的瑕疵。如果你能找到一个知道如何剥离的专家，通过专业的“剥离”可能会呈现更好的珍珠，但是否剥离要根据表面下是否有更严重的瑕疵来决定）。

·检查天然珍珠钻孔的开口，确保那里没有腐蚀。

·在购买天然的珍珠项链时，要注意珍珠间颜色和尺寸的匹配。

养殖珍珠：

·我认为，挑选养殖珍珠最重要的因素是：尺寸、形状、珍珠层厚度、颜色、光泽和成色。

·如果珍珠的颜色是白色以外的颜色，询问一下颜色的真实性。

如果销售人员说起“大溪地珍珠”或“南海珍珠”时没有提到“养殖”，要记得它们是养殖的，这一点应该被强调，以避免产生混乱。

·对于养殖珍珠，去一家专门售卖养殖珍珠的商店，并要求卖家给你解释需要知道的。先花时间去读一本关于珍珠的好书，然后把书里的内容与卖家告诉你的内容相比较，如果信息没有太大的差别，你可能会觉得从这卖家购买珍珠很靠谱。

George Kailis
Broome Pearls（澳大利亚）

George Kailis 是 M. G. 集团公司的董事长，Broome Pearls 是集团的一部分。他投入珍珠行业多年，这个行业成为现在的样子也有他的功劳。

Kailis——最好的时光正是那段最开始的时光

最令我激动的珍珠是在布鲁姆的农场上养殖的第一颗圆珍珠。我能看到它隔着牡蛎透明的薄膜闪光，我知道它是大自然伟大的产物，为它的创造贡献了力量令我无比自豪。那种清楚地知道自己参与创造了如此美丽的珍珠的感觉打动了我，如今，我仍能清晰地回忆当时的场景，仿佛事情还是昨天发生的一样。

Kailis——关于购买南海珍珠的忠告

你最好从那些信誉良好的、专门从事珍珠生意的公司购买珍珠。

珍珠是非常投缘的东西。当你看到一颗珍珠时，立马喜欢上了它，或者让你产生了某些特殊的感觉，那么你应该立刻买下它。如果你对它没有特殊的感觉，那就不要买它。

买品质好的珍珠。虽然一颗品质差的南海珍珠可以长久保存，因为有很厚的珍珠层涂层，但是质量好的珍珠会更加漂亮。一颗美丽的珍珠将成为你的骄傲，也将成为子孙后代的骄傲。

在烛光下观察珍珠。这对珍珠是一个很好的考验，优质珍珠会在柔和的烛光中发光，而劣质珍珠则不会。

在选择时，要记住个人喜好和个人的生活方式。南海珍珠有很多颜色，包括白色、粉白色、银色、蓝色、金色和浅色调，比如香槟色、干邑白兰地色、桃色、法式奶油色、黄色，甚至粉红色。如果珍珠既美丽又有光泽，那么就选最吸引你的颜色。

南海珍珠有许多美丽的形状。最稀有昂贵的是对称的形状，如圆形、泪滴形、纽扣形。但是同样，如果珍珠既美丽又有光泽，那么就选最吸引你、最适合你生活方式的形状（对称形状的珍珠是比较正式的，巴洛克式、半巴洛克式、圆形的是比较随意的）。

John Latendresse 和 Gina Latendresse American Pearl Company（美国）

John Latendresse 是美国珍珠公司创始人和董事长，直到于 2001 年去世，他在贝壳和珍珠行业有超过 50 年的经验。是世界上用于养殖珍珠的贝壳的最大供应商，他一直痴迷田纳西州和美国水域的天然珍珠，是在自然珍珠和养殖珍珠方面首屈一指的专家。技术的创新带来了独特的“美国”淡水养殖珍珠的生产（见第二部分第 4 章），他被尊为“美国养殖珍珠之父”。Gina Latendresse 是美国珍珠公司的总裁，也是 John Latendresse 的女儿，有 30 年从事珍珠行业的经验，同时也是美国宝石学院毕业的宝石专家。

John Latendresse——关于“珍珠中的珍珠”的回忆录

至今我仍然与最令我激动的珍珠在一起，因为我无法忍受和它分开。它是一颗来自阿肯色州黑河的天然珍珠，这颗华丽的珍珠比 10 美分硬币大，光泽度很高，是乳白色的，有着柔和的粉色伴彩，并且是完美正圆形！在 17.4mm 的级别上，我还不知道是否有其他如此高质量的正圆形的天然珍珠存在。

我在 20 世纪 50 年代买了这颗珍珠，我的委托买家打电话告诉我，那位找到这颗珍珠的潜水员要价 500 美元。基于电话中的描述，我授权他立即买下这颗珍珠。

当我真正看到这颗珍珠的时候，我知道其价值远远超过支付的价格。我觉得潜水员是一个刚刚开始从事采珠业的人，年纪也不小，他应该得到的报酬远远超过我支付的报酬，我亲自去找他，准备额外给 4,500 美元。我花了几个月的时间才找到他，那时我才知道他不久前刚刚去世，现在葬在阿肯色州的新港贫民公墓。我一直希望能早一点找到他，那样也许他会有一段时间觉得很富有。我经常想起他，但并不悲伤。毕竟，有多少人可以在生命结束的时候实现了梦想。他的梦想也许是每一个潜水员的梦想——找到令人惊艳的宝藏，而他实现了！

John Latendresse 和 Gina Latendresse 的购买建议

判断珍珠质量的所有因素中最重要也最难得的是成色。拥有好的成色的珍珠不仅是最美丽的，也保证了它的好品质和自然美。你可以打磨珍珠表面，让它有很好的光泽度，但靠在珍珠表面人为加工是不可能创造“好成色”的。好成色是一种内在品质的表现，它是珍珠真正美丽的原因所在。

当你买一条项链的时候，确保所有的钻孔都居中。如果不是，项链佩戴起来不会那么漂亮（这种情况在较短的项链中真的有可能出现）。为了检查钻孔是否居中，把项链的一端举起来靠近眼睛，用另一只手将剩下的部分在你前面拉直，现在凝视项链，你很容易就会发现钻孔是否在中心。

只从真正了解珍珠并有很多优质珍珠可供选择的珠宝商那里买珍珠。很多珠宝商现在只提供三种品质：差，中，好。很少有人提供真正优质的珍珠，因为非常昂贵，很多客户不明白低价通常意味着劣质产品。从只提供优质珍珠的高级珠宝商那里购买意味着你选择的珍珠会保持长久的美丽。如果你买中等质量或质量差的珍珠，它们永远不可能成为传家宝……当母亲亲手传给女儿时，珍珠不会留下多少光泽了，而孙女将根本不可能看到它们！

Richard Liddicoat

Gemological Institute of America（美国）

已故的 Richard Liddicoat 是美国宝石学院（GIA）主席。这个学院成立于 1931 年，是一家备受推崇的珠宝专业教育机构，它的宝石贸易实验室提供宝石和珍珠的测试报告和质量报告。

Liddicoat——关于实验鉴定方面的发展

1949 年 GIA 接管了知名的宝石贸易实验室（GTL）的珍珠检测仪器，并从那时开始对珍珠进行检测以确定起源——判定是养殖的还是天然的。在那之前，几家大公司曾试图在公司内部进行珍珠检测，主要采用内窥镜检测，这种仪器一次只可以检测一颗珍珠，非常耗时，现在已经过时了。

在珍珠鉴定的近 50 年时间里，GIA 的宝石贸易实验室已经检测了无数的珍珠，不仅可以确定珍珠是养殖的还是天然的，也可以确定珍珠的颜色是天然的还是经过处理的。在这段时间里，该实验室发现、记录并开发了一些新的检测方法。在 20 世纪 60 年代早期，仅包括一层薄膜的珍珠核在市场出现，因为该产品有核无珠，对珍珠鉴定形成了很大的挑战。在那个时代，珍珠的存在已经成了养殖珍珠的判断标志。

Liddicoat——关于自然颜色的鉴定

就在人们发现上述养殖珍珠的存在后不久，新的颜色的珍珠进入市场，这些颜色主要是染色的结果，在某些情况下也可能是照射的结果。出于对天然颜色或处理颜色的兴趣，在测试了非常多的这种产品后，导致了 Robert Crowningshield（罗伯特·克罗因谢尔德）的新区分标准的提出。1961 年 GIA 对黑色和彩色珍珠起源的兴趣促使了鉴定黑珍珠的光谱准则的出版。这成为很重要的准则，因为之后的数十年，法属波利尼西亚环礁的天然黑色的养殖珍珠都是无核的。这些珍珠颜色的起源变得相当重要，因为类似的用银盐处理的颜色价值比天然颜色的珍珠价值低很多。

除了传统的天然和养殖珍珠，实验室也会定期检查和报告不寻常的无珠层的“珍珠”，如海螺壳珍珠、非常罕见的水瓢珍珠等。

Devin Macnow
Cultured Pearl Information Center
（美国）

Devin Macnow 原为养殖珍珠信息中心（Cultured Pearl Information Center）的执行主任。与时尚和生活方式的编辑们交流出版了超过 10,000 篇出版物，以及遍布全世界的多媒体刊物。Macnow 作为日本和美国养殖珍珠产业的发言人，广泛参与了养殖珍珠培育的各个阶段以及营销和促销方面的事务。

Macnow——谈一颗精美的日本 akoya 养殖珍珠的价值

很少有比一颗优质的 akoya 养殖珍珠的诞生更神奇的事了。人与牡蛎的共生关系共同努力培养一颗拥有罕见的美丽和价值的真正的宝石，这是充满爱和辛勤劳动的工作。即使这样，你可能并不能实现它，这需要超过 64 万小时人或牡蛎的艰苦工作，才可以养殖足够的珍珠，可以均匀地达到光泽、大小和颜色等方面的匹配，最后可以穿成一条仅仅 16 英寸的项链。

Macnow——谈一条珍珠项链的通用性

女人可以拥有的珠宝首饰中很少有像养殖珍珠的珍珠项链那样通用和用途广泛。珍珠可以搭配女人衣柜里所有的东西而不会觉得让人突兀。虽然衣服的流行趋势可能会改变，但珍珠永远不会过时。一条简单的珍珠项链同样适用于商务套装、小礼服、牛仔裤或 T 恤衫。

Macnow——购买日本养殖珍珠时需要注意事项

目前为止，“光泽”是购买珍珠时应该关注也是最重要的方面。具有很好光泽度的养殖珍珠通常标志着品质超群的珍珠，将保留美丽和价值并延续给主人的后代。此外，明亮健康的光泽经常可以掩盖其他小的表面缺陷，如凸起或凹坑。

Nicholas Paspaley

Paspaley Pearling Company（澳大利亚）

Nicholas Paspaley 是 Paspaley 采珠公司董事长，该公司由他父亲在 1935 年创立。现在是世界上最大的南海珍珠公司。Paspaley 一生投身于采珠事业，从事采珠行业超过 45 年。

Paspaley——故事、传说以及梦想

1919 年，我父亲和家人从希腊来到澳大利亚的珍珠海岸——印度洋海岸。那个时候，那里只有极少数的人是欧洲人，绝大多数是土著和亚洲人，每个人都生活在没有水、电、商店、政府服务或任何其他设施的环境下。这是残酷的，但采珠的人生需要坚毅，先驱们都是勇敢大胆的。现在的情况仍然如此。

藏匿在牡蛎壳中稀有珍贵的天然珍珠是很多人的动力，因为被认为是世界上最稀有、最珍贵的珍珠。采珠产业本身包括潜水找到牡蛎壳本身，因为珍珠母壳的衬里需要用于满足世界对纽扣的需求；澳大利亚的贝壳质量是最好的，世界上 75% 的纽扣用的都是澳大利亚贝壳。天然珍珠有时会在贝壳打开时被发现，但大多数质量都很差，也并不珍贵，珍贵的珍珠是很罕见的额外福利。

1935 年的一个晚上，当父亲和那些亚洲和土著船员在小帆船上（一种特殊类型的渔船）的时候，父亲做了一个令人不安的梦——梦见自己找到了一颗奇妙的珍珠，但被船员谋杀了。这在当时是常见的事，因为那是一个没有法律的海岸，甚至许多人期待着“潜水员”的死亡，那是一个非常令人垂涎的位置，潜水员的死使他们有机会成为下一位潜水员。因此，父亲在任何情况下都不能睡觉。他走到甲板上抽了根烟，又对天气的奇怪感觉所困扰不安，虽然不能肯定让他困扰的是不是天气，但一直有种感觉，觉得可以察觉到某些不同的东西。

船员们像往常一样在日出前一小时醒来，准备好东西，让潜水员可以在太阳升到海平面的时候潜到海底去。父亲注意到，他们也对天气感到不安。第一漂后（船会沿着珠片漂流，潮水拖着潜水员横跨海底大约 2 英里）潜水员带着第一批珍珠贝浮出水面——很差的一次捕获——抱怨刚刚海底有一阵奇怪的水流，把他们从一边冲到另一边，搅拌着泥浆，让能见度变得非常低。父亲知道这是一个很好的壳床（一个可以经过几个月的搜索能找到好珍珠的

壳床）并且天空很晴朗；只有坏船长会在晴朗的天气离开一个很好的壳床（在这种情况下想离开从而在海上“消失”的船长并不少见）。尽管如此，他梦中的不好感觉在徘徊着，他无法忽视对天气的“奇怪”的不安感。在能见度较差的基础上，他命令船员准备好将船移动到另一个地区。这时，他还想着自己的梦，他劝船员，当帆船准备好起航时他会打开贝壳。

他开始用长刃刀撬开那些巨大的贝壳。他打开了第一只贝壳，它就在那里——梦里的珍珠！

血冲到头顶，他感到浑身起了疙瘩。他立刻想起了梦中的“谋杀”，他把珍珠放进手套里，希望没人看到它。他担心自己会受到伤害，所以用对天气感到不安为借口，立即改变了对船员的命令，让他们改变航向。他让他们驶向最近的安全登陆点，那是一条 24 小时航程外的河流（他们已经远离家乡的港口 2–3 天了）。那河流上游几英里的地方有一个小的土著居民聚居地。当他们到达河流的河口时，正是夕阳落下的时刻，潮水很低。因为不想继续和珍珠留在帆船上，他命令船员在涨潮的时候将船开到聚居地，而他独自划着小舢板先离开，划了几英里后终于到了聚居地。

一到聚居地，父亲立即坐卡车前往家附近的港口布鲁姆。经过几天的旅途，那几天的天气相比往年很不寻常，他们到达港口后才知道，一股猛烈的龙卷风毫无预兆地袭击了采珠海岸。那天出发的 450 艘船根本没有时间到达避风港，大部分船只被摧毁或损坏了，数百名船员被淹没在风暴中！

假如当时父亲没有离开，父亲的船肯定会在海上消失，所有的船员也会一同消失在海上。

这一经历改变了父亲的一生，他永远不再忽视直觉。至于珍珠，这是他职业生涯中发现的最好的一颗，它作为“大师之珠”，帮助他成为世界最著名的采珠“伟人”。

我也经历了危及生命的龙卷风、鲨鱼、鳄鱼，更不要说野人了！也曾经发生过悲剧。但令我最难忘的事是，我父亲发展南海养殖珍珠事业梦想的实现，这也是澳大利亚令人兴奋的新兴的采珠业，为我的父辈打开了开创事业的新局面。我见证了这项事业的开始和发展，并将它传承和壮大。

关于澳大利亚南海养殖珍珠

我们认为，我先前提到的在澳大利亚发现的野生珍珠牡蛎，不仅可以产出最美丽的天然珍珠，也可以养殖出美丽的珍珠。同时，我们也认为，如果我们成功了，这些养殖珍珠看上去会更像天然珍珠，因为都有很厚的珍珠层。

20 世纪 50 年代塑料纽扣的发明对我们的采珠船队造成了致命的打击，对珍珠母的需求几乎消失。但这一转变也为澳大利亚工业带来了催化作用，人们加快步伐，希望可以早日成功生产养殖珍珠，这是我们经济生存的唯一希望。研究和发展开始了，但优质的南海养殖珍珠仅仅是在最近的 15 年里才在商业上成为现实。

在父亲为珍珠农场创业的日子里，那也是澳大利亚第一批珍珠农场，人们普遍认为，最终的成功在于产出一颗完美的、圆的、直径 15mm 的珍珠，在这种新的农业产业出现的前 10 年，这已经实现了，但是只有一次或两次。当我积累了经验，我开始有自己的梦想，做不可能的事——制造珍珠项链，而且组成项链的每颗珍珠都超过 15mm。

这些用于生产珍珠的牡蛎生产的养殖珍珠的产量（通常，但不一定正确的说法是，这里指的是所谓的“南海珍珠”，这个词现在用来指由这种牡蛎在世界任何地方生产的大珍珠）是一个特殊的挑战，现在仍然是那样，这些野生牡蛎在自然栖息地被使用。结果是，必须研究完全不同于日本流传过来的开发方法，这需要更多的时间，也有更高的风险。我们失败了很多次，但是经过多年的新技术研究和开发，加上与滨口家的协作，我们最后成功生产出一颗直径 20mm 的完美的珍珠——一颗我所能想到的最美丽的珍珠！

现今，南海珍珠的产量相比全球珍珠的产量仍然非常有限，但大小、质量和美丽甚至已经超过了我们祖先最疯狂的想象。

Kenneth Scarratt
亚洲宝石学院（AIGS）实验中心前总监（泰国）

Kenneth Scarratt 曾经是亚洲宝石学院教育和研究实验中心主任。从事珍珠研究超过30年，主要进行珍珠研究，并对来自世界各地的天然和养殖珍珠进行评估。他对珍珠的许多工作是在英国宝石协会和宝石检测实验室的18年里开展的，也是实验中心首席执行官和董事长。在亚洲宝石学院时，一直致力于建立珍珠评估的流程和标准。亚洲宝石学院是唯一一家致力于珠层厚度研究的国际实验室，在珍珠等级报告中主要关注珠层以实际mm值度量的厚度。

Scarratt——关于选择优质珍珠的重要核心点

简而言之，我们把养殖珍珠的珍珠层厚度看作选择珍珠的最重要因素，这指的是珍珠母壳层珠光涂料的实际厚度。毕竟，如果一颗养殖珍珠的珍珠层太薄，很可能会在6个月后就消失了，购买的东西最终留下的将是贝壳珠。我们相信，珠层的实际厚度是必要的信息，事实上，对于一个需要做出买进或卖出珍珠的理性判断的人来说是至关重要的。这就是为什么我们会考虑珠层厚度的检查，并将其纳入我们的珍珠报告中，它是如此重要。许多珍珠行业的人不想被提供这种信息。此外，对于大多数实验室来说，获取珍珠，即使是钻孔珍珠的这些信息，需要先进的放射摄影设备，其高成本是一种威慑。尽管如此，还是呼吁在我们的带领下，其他主要实验室在不久的将来也将厚度纳入珍珠报告中。

Maurice Shire

Maurice Shire（美国）

Maurice Shire 是 Maurice Shire 公司总裁。自 12 岁的时候，他在巴黎作为珠宝学徒开始了 50 年珍珠领域的职业生涯。他早期的经验主要来自天然珍珠，对这些珍贵宝藏独具慧眼，尤其是在珍珠“剥皮”上的技能，很少有人能与他匹敌。

Shire——关于识别天然珍珠的见解

多年来，我曾和许多伟大的人共事过，但在自然珍珠领域中的两位巨人真正影响着我对这些宝物的真爱、欣赏，并形成了独特的眼光。

大约 50 年前，当我在一家非常小的珠宝店以助理采购员的身份工作的时候，该公司通过一家银行购买了一批重要的珠宝首饰。这批珠宝的成本接近 25 万美元，这在当时是非常大的一笔钱。我们不得不仔细检查这批珠宝，并将每一小件单独列入存货清单，标明价格。当涉及这批珠宝中精美的钻石、翡翠、红宝石和蓝宝石时，我们对估价没有任何问题；但当涉及其中的一条养殖珍珠项链时，我们不知道如何估价（当时，珠宝商出售的大部分珍珠都是天然珍珠）。但我们必须要给它们定价，并对我们的客户公平，所以我们联系了几位养殖珍珠经销商，他们达成的共识是，它的公正零售价约为 950 美元。这就是我们的标价。

这条项链由 55 颗奶油玫瑰色的珍珠组成，每一颗都是完美的球形、光泽度很高、表面无任何瑕疵。这串项链从中心的直径 9.5mm 逐渐降到两端的 7mm。这条项链一直安全地保存着，直到有一天，大概是 18 个月后，一位美丽的女士走进商店想要买一条养殖珍珠项链。我们向她展示了唯一拥有的一条，也就是我们安全保存着的那条，她非常喜欢。但是，她想让我们增加一颗更大的、直径 10.5mm 的珍珠作为中心的珍珠，另增加一颗直径 9.5mm，像原来的中心珍珠那样的珍珠，这样就有两颗 9.5mm 的珍珠在新的中心珍珠两侧。我给了她一个预估的花费，大约需另加 400 美元（当时，渐变尺寸的项链中，中心珍珠的价值代表了约 1/3 项链的总价值）。她授权我继续，甚至都没预付保证金，她告诉我，在项链完成并符合她的期望前，不会支付任何金额，但如果喜欢它，她到时候会立刻付清全部货款。我们同意了，我当然也开始工作，尽快完成这条项链。

我立刻带着项链去拜访一位名叫 Leonard Rosenthal 的老绅士，他当时被称为“Roi de la Perle”——“珍珠之王”（他是世界上最大的天然珍珠经销商）。听我解释完此行的目的后，Rosenthal 先生拿起项链，用左手勾起一端，让项链的其余部分躺在右手手掌中。他向后靠在椅子上，看着那条项链，在相当短的时间内他叫道：“Maurice，你知道这串珍珠中有天然珍珠，是不是？”

我当然不知道，曾经在我前面处理过这条项链的人也都不知道。然后，他开始拿出一张珍珠图，并给每颗天然珍珠做标记，他告诉我，55 颗珍珠中有 23 颗是天然的。我去了美国宝石学院的实验室，经过 X 射线检测后证实了他的说法。GIA 会给 X 光显示为天然珍珠的珍珠贴一小块黑色胶带（他们现在还这么做）；23 颗珍珠是天然的。当然是与 Rosenthal 先生用那 75 岁的眼睛标出的一样的 23 颗天然珍珠。

你们可以想象，当我回到 Rosenthal 先生的办公室时，我对这次冒险感到多么的激动，对老人的智慧和知识是多么印象深刻。我们去掉了天然珍珠，用养殖珍珠代替它们，完成了那位可爱的女士所要求的珍珠项链。但在她来之前的 3 天里，我仔细研究了养殖珍珠和拿掉的天然珍珠。我决心弄清楚 Rosenthal 先生一眼就看到的它们存在的差异，但无济于事。最后，我把两串项链都放在口袋里，回去找 Rosenthal 先生，然后发生了下面的对话：

“Rosenthal 先生，过去 3 天里我一直想看清这两串项链之间的差异，但是我没做到，我年轻、雄心勃勃，渴望尽可能多地了解宝石。我也意识到这其中有很多专业秘密，这些秘密是只会传给自己的孩子或孙子的。但是，你可以和我分享你的秘密，并告诉你是如何只用眼睛迅速发现那 23 颗天然珍珠的吗？”

Rosenthal 先生回答说：“我亲爱的 Maurice，当你接触珍珠 45 年之后，你也能够立即看出其中的差别。”

我对他的回答当然不满意，觉得这只老狐狸不愿意分享秘密，我对他的回答感到很失望。同时，Rosenthal 先生买下了那些天然珍珠，它们的零售价在 6000 美元左右，超过我们为 55 颗珍珠的珍珠项链支付总额的 6 倍。

因为寻求独立的天性和急于尝试自己创业的想法，我离开了零售业，成为批发经纪人。大约 1 年后，René Bloch 先生——另一位著名的天然珍珠老经销商，愿意教我天然珍珠的相关业务，这样，一段时间后，我也许有能力购买他的库存，让他可以退休。他通过比较自己库存的珍珠来教导我给天然珍珠估价的“艺术”，在他开始教学 1 个小时后，我不能再控制自己了，我想起 Rosenthal 先生曾告诉我的话。我对 René Bloch 先生说：“如果你要教我技术，让我有一天可以买下你的生意，那么你从分享如何分辨天然与养殖珍珠的秘密开始吧。”René Bloch 先生笑着说：“Rosenthal 先生告诉你的就是真相，有一天你会在不知不觉中就能看出差别的。”大约 2 年后，一位珠宝商带着 5 条珍珠项链走进我们的办公室，他的一个富有而有名的客户想卖这些项链，希望我们能给他出价。我迅速地一条接一条瞥了它们一眼，想要对他持有的东西有一个快速的、大概的想法，当我看到第三条项链的时候，我发现自己竟然说出了这样的话：“这是一条养殖珍珠项链。”在那一刻，我想起 Rosenthal 先生的话，我几乎喊出来：“我做到了……我已经做到了！”

Richard D.Torrey

《珍珠世界：国际珍珠杂志》出版商（由亚利桑那州凤凰城的珍珠世界出版公司出版）

Richard“Bo” Torrey 已经观察并撰写关于珍珠行业信息 20 年以上，他提供了一些关于珍珠的生产、处理和价格趋势的客观的、可靠的、独到的看法。

我已经观察珍珠市场几十年了，我见证了很多的成长和变化，但并不总是好的（尤其是现在关于处理的过度使用）。但其中也有一些亮点。

今天，珍珠来自全球各地，有趣的是，南海养殖珍珠现在占主导地位（而不是日本珍珠），大约占 37% 的世界生产总量。这要感谢印度尼西亚的南海珍珠的生产，那里的生产现在已经在数量上超过了澳大利亚的珍珠的生产（而不是在质量上）。幸运的是，这使得日本开始恢复生产品质优良、光泽度强烈的珍珠，日本曾经也是因这种珍珠而出名的，这是一件好事。同时，随着生产和出口劣质珍珠导致的价格暴跌（更别提外观，以及随之而来的表面处理技术使用的增长），天然黑色珍珠已经在过去的 10 年中一点点暗淡，但谢天谢地，这些现在也在慢慢改变，质量和价格都有所提高。

另外两个亮点，一个可以在菲律宾黄色和金色珍珠的产量和质量上看到，也可以在斐济的多色珍珠串中看到。就我个人而言，我真的很喜欢菲律宾珍珠和斐济珍珠。

另一个亮点，对于挣钱来说，也是最聪明的一个点，是中国。特别是中国的淡水珍珠产业的成长。为什么？现在中国的淡水珍珠真的非常好，往往在大小和外观上与其他类型的珍珠相当，且花费更少。它们也经常是百分之百的珍珠质，虽然这种情况正在改变，现在越来越多的珍珠是有核的，尤其是要与南海珍珠竞争的大型中国淡水珍珠。尽管如此，我还是经常向我大多数朋友推荐优质的、光泽度好的中国淡水珍珠，尤其是那些预算有限的朋友，正是出于以上这些原因。从成本来看，这些珍珠真的比来自日本或南洋的低质量的、薄珍珠层的养殖海水珍珠好太多了；你会花更少的钱，得到更多（质量或珍珠层厚度）。总之，会看起来更好，且保存得更久。

但当谈到美丽的时候，看起来像优质珍珠的珍珠中应该没有比吉树珍珠更美丽的。我已经收集了大约20年所有类型的珍珠，我最喜欢的是吉树珍珠。有些情况通常被称为“错误”，这主要发生在全珠层的珍珠周围形成一块覆盖组织，这层覆盖物可能会在注入过程中脱落，或者软体动物可能将核从贝壳中挤出来。看上去就像全珍珠层——就像天然珍珠那样——通常是按重量来卖（以克为单位），而不是以mm为单位。虽然曾经很便宜，但不幸的是，现在相当昂贵，并且随着需求的增加，供应并没有相应的增加，它们势必会更加昂贵！因为对称形状的珍珠非常难以找到（你找到的时候会发现真的很贵），古灵精怪自由发挥的巴洛克形珍珠具有独特的吸引力，尤其是搭配不同寻常的色彩和表面，非常“与众不同”！

Robert Wan

Tahiti Pearls（大溪地，法属波利西尼亚）

Robert Wan是大溪地珍珠公司董事长，也是大溪地黑珍珠产业的一个传奇先锋。在过去的20年里，他彻底改变了这个行业，并将天然的黑色大溪地养殖珍珠带到鉴赏家的世界。

一个鲜为人知的故事

在珍珠母纽扣产业达到巅峰的时候（在19世纪20年代和30年代），波利尼西亚潜水员的惊人壮举成为传奇。一些潜水员，身上带着铅增重，潜水到超过 40 米深的海里，全程只有他们肺里的氧气，一副眼镜、一副手套和一张网组成了仅有的设备。仅仅带着这些装备，他们冒着与鲨鱼、海鳗相遇的危险以及遇到致命的“弯道”的危险，就是希望可以收获那些已成为环礁主要出口的贝壳（在这些外来货中，对黑色的珍珠母需求量巨大，主要用于装饰镶嵌和黑纽扣）。但他们始终怀着一个梦想，一个容易被人忘记的梦想，这个梦想激励他们回到海面上，这个梦想就是，有一天，他们带上来的贝壳可以揭示出一颗罕见的、巨大的、有价值的黑珍珠。

波利尼西亚，一个深邃而神秘的地方，一个创造了真正浪漫的地方——Wan 为什么喜欢珍珠

女人和珍珠，这两样我都喜欢——似乎也是不可分割的。他们有很多共同特征：神秘、诱惑、平滑、性感。增强了彼此的自然美。

就像女人一样，珍珠也需要照顾；不要想当然，这是很珍贵的经验。就像珍珠需要特殊照顾和保养来保持光泽度，女人只有在受到特殊照顾和关注的时候才会散发光芒。

选择珍珠，跟选择女人一样，永远不要对品质妥协。这是拥有一个持久未来的关键！

Torio Yamamoto

Yamakatsu Pearl（日本）

Yamakatsu珍珠公司成立于1931年，在成立的65年来，公司在养殖、处理和分享优质珍珠的方面得到了全世界的尊重。Torio Yamamoto是Yamakatsu珍珠公司常务董事，他在过去的40年里投身于这个行业的各个方面。在这里，他分享了一些在选择珍珠时的重要想法。

Yamamoto——选择珍珠的智慧

你需要问自己的第一个问题是你觉得珍珠是否美丽。一颗美丽的珍珠是每个人都会觉得美丽的珍珠。在观察了珍珠一段时间后，你会知道什么样的珍珠是一颗美丽的珍珠，美丽的珍珠是可以达成普遍共识的。如果它很美丽，那么它是一颗优质的珍珠；如果它不美，那么它不是一颗优质珍珠。

在购买珍珠时，选择一家有良好信誉的珠宝商尤其重要，特别是专门从事珍珠生意的信誉良好的珠宝商。通过这种方法，你可以看到更广泛的选择，而且可以得到很好的解释。如果你只是去一家商店，买下你碰巧看到的任何一颗珍珠，之后你可能会对它很不满意。你应该多去几家好的珠宝商那里，比较你所看到的以及听珠宝商说的关于珍珠的内容。这将有助于你学会看到珍珠之间的差异并理解它，它也会给你带来更大的信心，让你更欣赏最终选择的珍珠。

就我个人而言，我推荐颜色好、光泽好的珍珠，即使有微小的不太完美的形状，或者表面上有一些小斑点也没关系。

有些珍珠，你可以很容易用指甲感受到瑕疵，或者可以用指甲直接抓到表面的异物，避免买这些有明显瑕疵的珍珠。

Benjamin Zucker
Precious Stones Company（美国）

Benjamin Zucker 是 Precious Stones 公司的总裁，公司专业从事优质的有色宝石和珍珠。他是宝石供应商、讲师、作者和严谨的收藏家（就像他父亲一样）。位于马里兰州巴尔的摩的沃尔特斯博物馆收藏了 Zucker 的部分古董珠宝和宝石。Zucker 对珍珠一直特别感兴趣，他写的《宝石和珠宝：鉴赏家指南》一书中有章节专门讲珍珠。

Zucker——选择珍珠的小技巧

光泽是挑选珍珠唯一最重要的因素。要判断它，不要直视或在特别近的距离内观察。要在一定距离外观察，就是你在镜子中看到自己的距离。现在问自己：珍珠是否有光泽？听从你的第一直觉。

形状是非常重要的。圆珍珠，形状应尽可能圆。但是光泽好又圆的珍珠，往往会很贵。如果你负担不起很圆、光泽度很好的珍珠，考虑稍微不圆的珍珠而不要降低对光泽度的要求。

清洁度占我们衡量指标的 30%，光泽度占 70%。

珍珠的历史和艺术

我喜欢古董珠宝，特别是那些含有珍珠的珠宝。我也喜欢珍珠和大海之间的联系，以及含有这种联系的珠宝。

多多关注伟大的艺术家，你会发现伟大的大师和珍珠之间的特别吸引力。也许珍珠可以直达艺术家的灵魂，到达感性和创造性的一面。也许是因为珍珠永恒魅力以及艺术家的潜意识里渴望灵魂及时被捕获。

11/ 大珠宝商关于好珍珠的看法

珍珠一直是大珠宝商最喜欢的东西,它们在历史上激发了很多伟大的创造。从文艺复兴时代到现在，珍珠刺激了人们的想象力和珠宝商想要寻求完美珍珠的挑战。

现代的“养殖珍珠”带来了新的机遇，有史以来第一次，珠宝商可以依靠大量的珍珠再现好的设计，这在以前是从未有过的，因为天然珍珠的供应非常有限。

我们请到几位世界知名的珠宝商，让他们分享珍珠的一些个人想法，并向我们展示他们认为特殊的珠宝。在下面内容和彩色插图部分，你会看到一些精彩的珍珠首饰，也会更加理解我那句话的意思——真的有那样的珍珠，可以适合每一个人的风格和每一个特殊的场合！

Boucheron（宝诗龙）

宝诗龙是法国一家著名的珠宝收藏公司。公司成立于1858年，正是该公司首次提出用钻石装饰珍珠项链的创意，这种设计创造了一种独特而经典的外观，甚至到今天都非常流行。

Alain Boucheron——Boucheron 宝诗龙公司主席，关于珍珠的讨论

我拥有的最贵的珠宝是一颗巴洛克形状的白色珍珠，重 8,000 谷（2,000 克拉）！

欣赏一颗钻石，光线必须穿透它的表面，才能释放出由里到外的耀眼的光芒，但要欣赏珍珠，眼睛只需要注视它的表面，便可以看到它柔和的颜色和平静的美丽。

我们在宝诗龙创造的最绝妙的珠宝之一是一条珍珠项链，它是我们于 1889 年在 Frederic Boucheron 的指导下创造的。这是历史上第一条把珍珠和钻石"圆片"结合在一起的项链，这项创新的设计立刻获得了成功，甚至在 100 年后的今天，它的影子还可以不时地被看到。

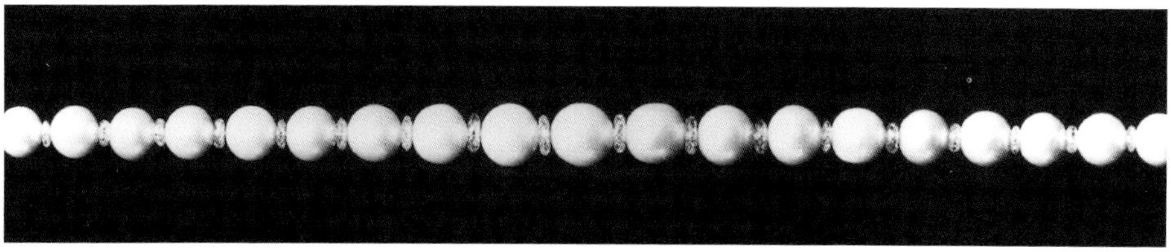

1889 年 Frederic Boucheron 创造的天然珍珠项链的部分，历史上第一条将珍珠与钻石"圆片"结合的项链。它有着低调的外观，但它很重要，也是至今仍在流行的设计。

这条项链含有 29 颗大的天然珍珠（953 谷）和 28 颗穿孔的钻石"圆片"（钻石切割成中间空心的圆形，类似于车轮或炸圈饼），扣环包含一颗重 65 谷的黑珍珠，由钻石包围着。

这条项链是由传奇的设计师 Paul LeGrand 设计的（他在 1863-1867 年和 1871-1892 年为宝诗龙设计珠宝）。正是 LeGrand 想到了将珍珠与"新的"钻石垫片相结合的理念，将 19 世纪伟大的钻石切割师 Bordinckx 的实践进行了创新（西欧第一个了解如何穿透钻石并把它们以这种独特的方式切割的切

割师，也是从1880年直到1892年去世，他和Boucheron宝诗龙紧密相连）。LeGrand认为珍珠柔和的、含蓄的美通过和这些钻石分离片闪耀的美对比可以被完美放大，创造出一种独特而重要的宝石。历史证明他是正确的。

这条项链近年又出现在市场上，在1995年11月以55万法郎（约100,000美元）收购。

Bvlgari（宝格丽）

宝格丽在19世纪后期成立于罗马，是现在公认的世界一流的珠宝商之一，在全球20个国家都有沙龙。设计非常新颖、大胆，具有鲜明的特点，通常以在颜色、纹理的创造性使用和不寻常的组合而出名。

Nicola Bvlgari——谈珍珠

我因珍珠的柔软和简单而喜欢。没有其他宝石像珍珠一样简单、优雅和感性。是的，我说的正是感性——珍珠有一种柔软和神秘的感觉，就像一个女人，会带给你惊喜。你无意之中就会发现它们的诱惑和魅力。可以是端庄典雅的、异想天开的，或者是好玩的；可以静静地抓住你的注意力或渴望被注意的需求。

我认为，随着人们对有机物的着迷，珍珠变得更加流行了。珍珠一直是我们最喜欢的宝石之一。我们提供了一个非常广泛的选择，从最简单到最崇高，在这里你会发现浪漫的简单性、不寻常的多功能性，或高贵典雅性，这些都取决于不同的场合。

也许意大利遗产和宏伟的意大利文艺复兴时期的珠宝对我们的设计产生了影响。正如我们的祖先那样，我们喜欢色彩，也许我们最出名的就是对使用彩色宝石的创新，我们喜欢把彩色宝石和珍珠以独特的方式结合。我们经常用彩色宝石点缀以白色和奶油色为中心色调的珍珠，以此创造有趣的对比；通过与珍珠的中性色调对比，色彩被加强了，同时，通过与色彩的对比，珍珠的光泽度与柔软也被加强了。

我们也喜欢在弧面切割（一种具有光滑的圆形表面的切割方式）中用彩色宝石而不是多面宝石来与珍珠搭配，因为我们觉得其丰富的、天鹅绒般的性格与柔软、性格丰富的珍珠在一起非常自然。它们一起创造了其他宝石无法创造的丰富感。

我们常常也会在设计中加入黄金的温暖，或把黄金元素与彩色宝石圆片（用于分离珠、珍珠等环形的、炸圈饼形状的元素）连在一起，创造一个特别引人注目的外观，可以立即被人识别为“宝格丽”形。可以在我们最简单的设计和最精细的设计中看到这些。

当单独使用珍珠时，我们特别喜欢金色的珍珠，我觉得它们特别的感性，另外，大溪地黑珍珠可以很壮观、很具有戏剧性。美国人也开始喜欢上了华丽的颜色，尤其是黄色和金色的色调，我觉得对它们的需求会变得非常大。

不管你正在考虑的是什么类型的珍珠，一定要质量很好的珍珠。我们在珠宝中使用的大部分珍珠是养殖珍珠，因为我们不能期望天然珍珠有充足的供应；我们在独一无二的创作中会保留天然珍珠。但无论是养殖珍珠还是天然珍珠，好的质量非常重要，质量不好的珍珠不会那么可爱，也不会可以持久到传给后代。

我们会一直对珍珠进行美妙的创新设计，原因很简单，就是不管现在还是将来人们一直都喜欢珍珠。

Cartier（卡地亚）

150 多年前，卡地亚家族成立于巴黎，1908 年在纽约开设了沙龙。今天，已经闻名世界，卡地亚的名字是伟大设计、创新、经典风格和优良品质的代名词。

Ralph Destino，美国宝石学院董事会主席，卡地亚公司前 CEO，谈珍珠

从历史上看，珍珠在卡地亚占主导地位。我们最戏剧化的，也许是最著名的经历，涉及一条瑰丽的天然珍珠项链。让我告诉你关于它的故事：

1915 年，卡地亚提供了第一串售价超过 100 万美元——确切地说是 120 万美元的珍珠，创造了历史！你能想象 1915 年这么多美元是什么概念。这条项链随即在巴黎展览，接着是伦敦，最后在 1916 年秋天到了纽约。纽约的几乎所有著名的淑女——Astors 家族、Vanderbilts 家族等，都赶去欣赏它，但是没有人愿意支付卡地亚要求的价格买它。

当珍珠正在欧洲“大旅游”时，另一件看似无关的事件发生了。Grace Vanderbilt，纽约社会的贵妇，卖掉了在第 52 大道和第五大道西南角的豪宅，搬到第五大道和第 85 街的非商业区。在她街对面的第五大道和第 52 大道东南角的邻居 Maisie Plant 想追随潮流。毕竟，如果邻居被 Grace Vanderbilt 降级了，那么对 Maisie 来说还不够好！所以她决定出售自己的豪宅，也搬进非商业区。她把豪宅放到市场上，巧合的是，报价也是 120 万美元。

现在让我们回到珍珠项链。当它首次在卡地亚的纽约沙龙（第 54 街和第五大道一幢小建筑的第二层）亮相时，纽约所有到此参观过的上流社会的人都对这些珍珠表示惊叹。没有人比 Maisie Plant 更感到惊叹。她想要它们。但是，她的丈夫，平常很慷慨的男人，却拒绝考虑这种价格的珍珠。但 Maisie 想，豪宅是我的，反正我要搬到非商业区（她丈夫做好了把钱放到黄金房地产上的充分准备）。她去了卡地亚，提出交换，用豪宅交换珍珠项链。Louis Cartier 接受了！从那以后，卡地亚公司一直位于原来 Plant

家豪宅所在的位置，现在这已经成了纽约一个巨大的标志性建筑。对 Maisie 来说，不幸的是，她没有预料到大萧条、战争和养殖珍珠大量的引进，她的项链在 1957 年由 Parke-Bernet（现在称为 Sotheby's）拍卖会上拍卖，仅仅卖了 17 万美元，而第五大道豪宅的价值你们可以去想象了。

Maisie Plant 戴着她瑰丽的天然珍珠双链，为了得到这串项链，她用第五大道的大厦与卡地亚交易。

我喜欢珍珠，虽然拥有了珍珠，还会想要更多的珍珠！可以说，任何女人珠宝首饰柜的基础必然是珍珠。我曾经为一个 6 岁的女孩做了一串小小的珍珠项链——她的第一件珠宝（更不用说卡地亚珠宝了）。珍珠是任何的珠宝收藏的开始，可以从童年开始，然后从那时的收藏发展为收藏惊人的珍品。

有些珍珠因稀有而成为真正的宝藏，也有些珍珠是因感情而被珍惜。两者都具有巨大的意义，但每一个都有不同的意义。从这个意义上说，珍珠可能是自然界最通用的宝石。

珍珠是要被触摸、感受并放在皮肤上的，在做出任何购买决定之前，戴上它们，感受一下佩戴它们的感觉。

我们只给客户提供最优质的珍珠。对白色的珍珠来说，这意味着光泽度好，是完美的圆形，并且与干净的肤色相匹配。我们建议客户先考虑这些因素，当你必须要舒适的尺寸时，我们建议尺寸应该是最后考虑的因素，除非非常罕见。当一个人买不起长的、想要的尺寸的优质珍珠项链时，我们建议买一条短一点的项链，随着时间可以添加长度，但不要降低对品质的要求。

Hemmerle Juweliere

1893 年，Hemmerle Juweliere 公司在德国慕尼黑成立，Hemmerle 珠宝享有设计独特、品质卓越的口碑，另外，它用色敏锐，可以在珠宝创作中打造特定情绪或感觉。

Stefan Hemmerle 先生，Hemmerle 公司主席，谈珍珠

选择珍珠时，原产国很重要，因为不同的国家生产的珍珠会稍微有点不同。我们使用日本的 akoya 养殖珍珠、澳大利亚或缅甸的南海珍珠、大溪地的黑珍珠或来自印度尼西亚的花式黄珍珠。

我们喜欢设计天然珍珠，也喜欢设计养殖珍珠。天然珍珠中，乳白色是可以接受的，奇形怪状也是可以被接受的，它们的形状可以非常独特。

对于日本养殖珍珠，我们看重的第一要素是非常高、非常强烈的光泽度。如果光泽足够强烈，我们可以接受外观的轻微缺陷和表面的不完美。我们更喜欢直径 7~10mm 尺寸的珍珠，渐变或非渐变风格的都是如此。

我们发现澳大利亚南海养殖珍珠越来越受欢迎。很多人更喜欢白色的珍珠，但我们更喜欢颜色稍微带点奶油色，这样更像天然珍珠的颜色。我们寻求丰富的光泽度和完美匹配的形状。含有 10~12mm 珍珠的渐变珍珠项链尤其值得拥有，但很难找到。由直径 14~16mm 的珍珠组成的项链可以创造出非同寻常的外观。

在彩色珍珠中，我们特别喜欢“黑”珍珠和深黄色珍珠。对于大溪地黑珍珠，虽然最稀有的颜色是午夜黑色，但是我们更喜欢那些介于中等黑和深

灰阴影色之间的珍珠，我们发现它们在皮肤的衬托下最迷人。对于天然的黄色珍珠，我们发现最漂亮的颜色是强烈的黄色和深金色，这些珍珠吸引了巨大的好奇心，也给世界市场带来了巨大利益。

说到好奇心，我们曾经创造的最瑰丽的珠宝包含着一颗巨大的珍珠，这颗珍珠确实吸引了无数人的好奇：至今发现的最大的海螺珍珠。这是我们所拥有的最有趣的珍珠，一颗从巨大的马骡中挖出的、暗褐色、足球形状的和天然的海螺珍珠，重量超过 111 克拉，直径长达 27.47mm。它被一支西班牙远征队发现，并由这支远征队的领队赠送给了公司，我们刚刚用这颗珍珠作为中心完成了一枚华丽的蜘蛛胸针。由于这颗珍珠的价值无法轻易估计出来，它是独一无二的，我们把珍珠的价格定在 10 万美元。

Krikorian

krikor Krikorian，美国设计师，是美国第一位国际珍珠设计大赛中赢得特等奖的人。在这里，他会解释自己的创作作品。

Krikor Krikorian，关于他获奖的项链的故事

Krikorian 创作的国际珍珠设计大赛特等奖获奖作品，展示了淡水珍珠戏剧性的使用方式。

我想创造一条自由环绕着女人脖子的项链，营造出一种轻松、自然的感觉，同时给人一种攀缘的外观，攀缘的藤蔓是由淡水珍珠、18 克拉的黄金加上镶嵌的珍珠一起构成的。

我一直都很喜欢地球自然力量雕刻出来的东西，这激发了我使用珍珠的灵感。对于珍珠，除了喜欢柔

软的外表和神秘的光泽，它是一种有机宝石，也正是我喜欢的。

Mauboussin

Mauboussin 成立于1827年，是法国最古老、最受尊重的珠宝沙龙之一，Mauboussin 的一些作品可以在欧洲皇冠中被看到。

Patrick Mauboussin，Mauboussin 公司主席，关于珍珠的看法

我们热爱珍珠，在169年的历史中，我们为许多杰出人物创造了瑰丽的珍珠首饰。但我们创作的最精彩的作品之一是最近的一件作品，设计是围绕法属波利尼西亚产出的一颗华丽的黑珍珠完成的。一个美丽的、镶嵌宝石的杯子，这件真正的“艺术品”在1994年日本天皇明仁和皇后美智子访问巴黎时赠送给了他们。因为他们对水的热情，这个异想天开的“艺术品”突出了一条俏皮的鱼，微微颤动的唇叼着这颗美丽的珍珠，将财富深藏在里面。能够代表法国最好工艺的、最有才华的工匠，用水晶雕刻了杯子，用碧玺雕刻了鱼，塑造了一个完美的背景来衬托珍珠的美妙。

帕特里克·毛博辛（Patrick Mauboussin）和日本皇后美智子

Bernard Janot，宝石学专家，Mauboussin 宝石采购中心主管，谈珍珠

珍珠的大部分吸引力来自一个事实，即来自一个鲜活的生物，是一种真正的自然产物，而不是需要人为来改造，即使是最伟大的工匠也不能用任何东西来锦上添花。

珍珠有一种纯洁的亮度，这将它们与其他宝石区分开来，并让它们拥有了一种吸引人的诱惑力。

珍珠无与伦比的亮度和光泽，使天然珍珠的供应不可能得到保证，这在某种意义上造成了法国珠宝商的复兴。我们喜欢现在的珍珠所提供的神奇和迷人的调色板般的颜色，从白色到深灰色到黑色，从粉红、米白色到青铜色到金色，加上绿色、黑色和粉色的伴彩创造的微妙的细微差别，明暗的范围几乎是无限的。对裸露的皮肤，一颗活泼的、光泽的珍珠可以反映一千种不同的明暗色调，像一位魔术师，可以体现女性的柔美。珍珠对浪漫的人有一种特别的诱惑力，这令人毫无疑问，也许这就是我们法国人对珍珠有特殊评价的原因。

御木本（Mikimoto）

御木本公司由御木本幸吉创立，他也是开发和完善了养殖珍珠技术的人。这是一家专门经营优质养殖珍珠的公司，现在东京、伦敦、巴黎、纽约和旧金山都有沙龙。另外，御木本珍珠可以在世界各地很多好的珠宝店看到。

石井喜久一郎，御木本美国公司主席，谈珍珠

我们销售的东西真的可以让你看到我们认为对珍珠来说最重要的是什么——品质。我们的珍珠代表了所有珍珠中前 3%~5% 的珍珠。它们因珍珠质层、光泽、颜色和形状而被选中的。珍珠层的厚度非常重要，也许是最重要的。当然，这意味着其他因素，如表面完美、形状好的珍珠会更加稀有昂贵，为了得到厚的珍珠层，珍珠在牡蛎中待的时间越长，越有可能出现风险。

我们不强调大小，但强调美丽。先找富有光泽的珍珠，并选择你能负担得起的最好的品质。

只从提供广泛选择的优质珍珠的商店购买，通常有很多优质珍珠库存的珠宝商给珍珠开的价格会比只有限量珍珠的珠宝商开的价格更合理。

高桥光一，御木本公司高级副总裁，谈珍珠

如果你的预算有限，不要降低珍珠的品质，相反，你可以考虑以下因素：

· 稍微小一点的珍珠——如一串 7~7.5mm 的珍珠而不是一串 7.5~8mm 的珍珠。你可能会惊讶地发现，一串稍微小一点的优质珍珠项链看起来会和一串珠子更大、质量一般的珍珠项链一样大。

· 在项链的长度上折中，先买一条较短的项链，以后还可以再加长项链。

· 看可替换性，你可以给项链添加其他用途而不单单是一条项链。

蒂芙尼专卖店（Tiffany & Co.）

蒂芙尼专卖店是美国历史最悠久、最负盛名的珠宝公司之一。成立于1837年，现在蒂芙尼已经成为优质、独特、创新的设计和珍稀宝石的代名词。今天，蒂芙尼在美国和亚洲、欧洲的很多大城市都有商店和精品店。

Jeanne B. Daniel，蒂芙尼专卖店前高级副总裁，谈珍珠

我们鼓励顾客用挑剔的眼光去购物，必须对几个物理特性进行评估：大小、形状、颜色、光泽、成色、表面和匹配性。问问你自己："这颗珍珠与我很相配吗？表面没有明显缺陷吗？颜色和光泽是从珍珠深层散发出来的吗？"

各种环境影响使高品质的珍珠越来越少。当购买珍珠饰品时，这些条件迫使聪明的购物者寻找受人尊敬的、富有珠宝和宝石经验的珠宝商。蒂芙尼拒绝的珍珠比接受的珍珠更多，公司对珍珠质量的最低标准比任何地方的竞争对手的最高标准还高。

在158年的历史中，蒂芙尼专卖店已经形成了自己的独特的浪漫风格。1908年，关于珍珠最权威的书——《珍珠之书》——由George Frederick Kunz完成，他是美国最重要的宝石专家，也是蒂芙尼公司副总裁。他强调的关于珍珠非凡质量和光泽的选择，现在仍然由蒂芙尼公司实行着。

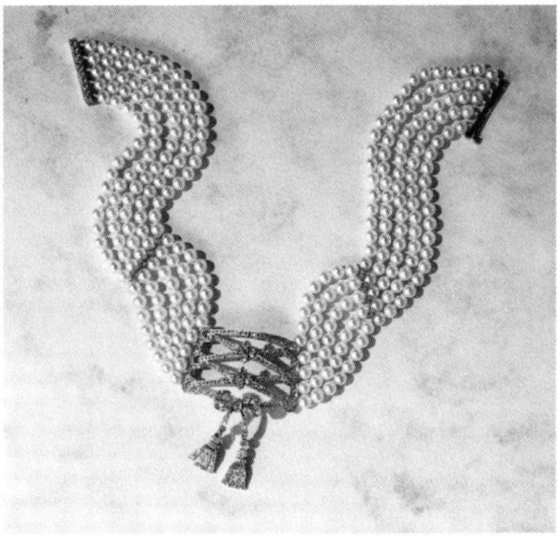

蒂芙尼珍珠系列一直是以简单、经典、优雅著称，就像这里展示的爱德华时期设计的现代诠释一样。这件白金钻石胸衣是基于 19 世纪后期的设计，现在由蒂芙尼永久收藏。它用小花、格子、流苏和蝴蝶图案来装饰，由四串养殖珍珠项链支撑着（原版含有天然珍珠）。珍珠链可以用黑色天鹅绒丝带替换。每件胸衣的主题都在耳环、吊坠和一串珍珠与钻石链中得到诠释。这真是一件伟大的珍珠作品。

Trio

Trio 珍珠公司对于世界各地到香港旅行的人来说是众所周知的。这家拥有 40 年历史的公司专门经营最好的珍珠，并在全球培养了一批杰出的客户。

Sammy Chow，Trio 公司主席，谈珍珠

对珍珠来说，我认为最重要的是高光泽度和光滑的涂层。光泽带给珍珠生命和财富，而这要通过珍珠光滑的皮肤表现出来。关乎珍珠光泽的是涂层的厚度。颜色和形状也同样重要，形状越圆、尺寸越大的珍珠越有价值（假设它们有高光泽度、光滑的涂层，这两样是最重要的）。最受追捧的颜色是略带粉红色的白色，但黑色和金色的需求也很大。就我个人而言，我觉得光泽和颜色是最先引人注目的要素。

每一位珠宝收藏家最基本的收藏应该是日本养殖珍珠项链。最受欢迎的大小范围是 7~9mm。南海珍珠是非常珍贵的，也是重要礼物的完美选择。

我们曾经卖出的项链中最重要的是两条南海珍珠项链，它们有最稀有的

宝石质量，直径在 11~15.5mm 不等，都是三层项链。第一条是欧洲的一位公主在 10 年时间收集到的，她首先收集了一串匹配的白珍珠链，然后过了几年，收集到另一串链子来搭配，是黑色的！然而，结束性的收集是她收集来搭配其他两串的第三串，是深金色的！

第二条项链是一条三层链，第一条是白色的，第二条是黑色的，第三条是深金色的！这些项链都是热爱和激情的劳动成果，需要花费好几年的时间去创造它们，当它们完成时，真的是值得拥有的宝贝。

Van Cleef & Arpels（梵克雅宝）

法国珠宝公司梵克雅宝自 1906 年成立以来，一直被公认为是世界领先的公司。现在美国、欧洲和远东地区的 32 个城市和机构都有沙龙，以设计的创新性、生产技术的与众不同而闻名。

Henri Barguirdjian，美国梵克雅宝公司前总裁，谈对珍珠的建议

今天大多数人仍然不知道什么是珍珠。他们认为养殖珍珠是“真的”① 珍珠。他们不知道怎么区别，这是一种耻辱。质量最好的养殖珍珠是非常可爱、令人满意的，也是非常昂贵的，但无法与精美的天然珍珠相比。天然珍珠罕见且充满异国情调，每一颗都是独一无二的，而养殖珍珠却有丰富的供应。

在梵克雅宝，我们在经典的珍珠设计中使用优质的养殖珍珠，而那些独

① Barguirdjian 先生用“真的”这个词来表示天然珍珠，FTC（公平贸易委员会）要求“真的”这个词只能用来指代自然的。

一无二的珠宝使用真的珍珠。我们发现真的珍珠仍有市场，每年我们都成功吸引相当数量的非常挑剔的客户。

现在市场上充斥着大量的养殖珍珠，但往往不是很好，而且在这种品质上并不罕见。大多数人认为他们买到的东西与真正想买的东西有很大的不同。其实他们不明白很多珍珠只是人为地把珠放在牡蛎中而已。在某些情况下，考虑到养殖珍珠的质量不好，他们担心钱会花在假珍珠上！

无论是养殖珍珠还是真的珍珠，我们强调质量。除此之外，真的没有什么可说的了。我们部分看中“好成色”（见第三部分第5章），不幸的是，现在不经常看得到这种珍珠，光泽、形状、表面完美也是如此。在我看来，尺寸是不那么重要的。事实上，一位大名鼎鼎的客户最近为了想要一对非常大的滴状珍珠来找我们，希望珍珠越大越好。我给她展示了几对，最小的质量远远超过其他珍珠。我与那位女士僵持了很久，想要说服她关注小的那一对，我甚至还告诉她，如果尺寸是那么重要，建议她买一对耳环会更好，那样她可以很容易地找到一对很大的滴状耳环！渐渐地，她开始看到珍珠的差别，并理解和欣赏那串“小”的珍珠的品质——与标准尺寸相比，其实一点都不小——她买了小的一对珍珠。

我们有时会努力帮助客户看到和欣赏到珍珠的质量差异，但毕竟，不管是养殖的还是天然的，好的质量造就了美丽的珍珠！这就是所有问题的关键。

Verdura（佛杜拉）

佛杜拉公司是由Fulco Santostefano della Cerda（佛杜拉）公爵创造的。佛杜拉于1898年出生在西西里岛，他是香奈儿最喜欢的一位服装设计师，帮她设计最具革命性的创作设计。佛杜拉于1939年在纽约开了自己的公司，在第五大道一套楼上的公寓中。他的作品在富有、前卫的客户中立即获得了成功，他独具匠心的设计风格结合了文艺复兴时期的特点，他的作品是经典的、耐用的，同时也是智慧的、非常规的。佛杜拉今天的作品仍然如此。

Edward Landrigan，佛杜拉公司总裁，谈珍珠

珍珠——宝石中的女皇——有一种温暖、柔和、天鹅绒般触感的特征。它的自然特性散发出一种感性的力量，将它从所有其他宝石中区分出来。

在担任苏富比拍卖行珠宝部门的负责人时，我有机会去处理一颗璀璨的明珠，它也许比其他所有珍珠都好，这件事提供了一个很好的例子来说明，人们感受到的珍珠的吸引力以及用珍珠来表达感情。这是一颗历史著名的珍珠，被称为“La Peregrina”（见第一部分第2章）。1969年，Richard Burton（理查德·波顿）在苏富比拍卖行一次重要的珠宝拍卖中得到了它，并将它作为情人节礼物送给了Elizabeth Taylor（伊丽莎白·泰勒，她现在仍然拥有着它），他把这颗珍珠看作一个珍贵的宝物，认为它能充分传达对伊丽莎白的爱。

然而，故事并没有结束。在拍卖的前一天，一些轰动的新闻报道，西班牙王位觊觎者已经发表声明，宣称已经拥有了珍珠的所有权。在清除了炸弹恐吓和航班延误后，我才把珍珠运送到正在拉斯维加斯的凯撒皇宫酒店的波顿家族。在把珍珠戴到伊丽莎白·泰勒的脖子上几分钟后，项链就消失在铺满巨大套房地板上粉红色的粗毛地毯的海洋里。为了找到它，我们必须用手

和膝盖在地毯上爬行，当我爬过一张沙发时，伊丽莎白的一只狗正在咀嚼着什么。我把伊丽莎白叫来，事实上，珍珠在狗的嘴里。当珍珠拿出来时，上面只有一些小的划痕，谁说它不是来自西班牙、玛丽·都铎，还是拿破仑！这串珍珠与伊丽莎白搭配得非常成功，可惜的是，婚姻并没有持久，我猜想，它并没有实现理查德希望带来的魔力。

从历史来看，珍珠一直是表达爱意送给心爱的人的礼物，现在仍然是这样。珍珠是客户的最爱，而且我们也喜欢创造珍珠首饰，正如你看到的那样，我们仍保留着佛杜拉出名的古怪特点。

在佛杜拉，我们使用各种各样的颜色和形状，具体选择取决于客户描绘的风格——休闲放松、低调优雅、性感妩媚。然而，无论看起来如何，我们都会仔细选择优质珍珠，选择那些经得起时间考验的，选择那些可以成为让人当作传家宝享受的珍珠，就像“La Peregrina”，可以传给子孙后代。

Harry Winston

Harry Winston 公司是以传奇创始人的名字命名的，他设想创造一家这样的沙龙：它可以成为第一个、也是最重要的一个，罕见宝石的展示中心。纽约沙龙因大量钻石经典设计方面无与伦比的宝石收藏而闻名于世。今天，Harry Winston 的儿子继续对稀有宝石怀有执着的追求。珍珠也不例外。

Laurence S. Krashes，Harry Winston 公司前任副主席，谈珍珠

说到珍珠，立刻想起我们第一次看到大溪地黑色养殖珍珠，虽然是养殖的，但是颜色非常自然。它们是新的，不为人所知，所有收获中一共有 17 条项链和各种配对。它们令人激动，且令人印象深刻，很有戏剧性，我们全都

买下了！我们把它们放在珠宝中，这成为了传奇，并把它们展示给全世界。剩下的就是历史了。

在 Winston 我们只接受“像宝石一般”的珍珠，它们的颜色、光泽和完美无瑕的质量使它们变得非常稀有和珍贵，值得我们放入库存。因为我们有国际客户，我们有时也必须满足世界某些地区对不同颜色和色泽的诉求，例如，南美的客户往往喜欢黄金色调的珍珠。

我们喜欢将珍珠与钻石搭配在一起，它们会互相映衬和提升，珍珠的光泽柔化了钻石的辉煌，而钻石的灿烂增加了珍珠的光泽，引起了更多的关注。

12/ 华丽的拍卖会：拍卖出珍藏级珍珠

如今，拍卖沙龙已经成为世界上最好的天然珍珠以及最重要的养殖珍珠的主要来源。像佳士得和苏富比这样的国际大公司，历史可以追溯到18世纪中期，即使像日内瓦的安帝古伦那样声望小一些的拍卖行也曾经成功把一些历史上最华丽的珍珠，包括第一部分第2章介绍的一些具有“历史”意义的珍珠带到公众眼前。值得我们注意的是，在那些罕见的珍珠中，人们曾经支付的最高价格纪录产生在2005年，以2,516,360美元拍卖出了一颗天然珍珠！

在接下来的章节里，来自佳士得的珠宝部主管François Curiel与来自苏富比珠宝部的前任主管John Block，在这里分享他们对选购珍珠所需要考虑因素的见解，并为我们讲述近年来经他们拍卖的一些华丽珍珠。

佳士得国际拍卖行（成立于1766年）

François Curiel 先生与珍珠的渊源

François Curiel 先生是佳士得国际珠宝销售部主管，佳士得欧洲副主席、佳士得瑞士主席，同时作为佳士得纽约、日内瓦、圣莫里茨、伦敦、阿姆斯特丹和罗马等各分行的珠宝销售主管，销售过 Florence Gould，Marjorie Meriweather Post， Nelson Rockefeller，Joan Crawford，Merle Oberon，Mary Pickford，Caroline Ryan Foulke 等珠宝收藏家的藏品，见过世间最美好的珍珠。

François Curiel——珍珠的建议

如同钻石一般，不同的珍珠等级影响着珍珠价值，著名 4C 法则是确定钻石价值的标准，我们只需对其稍做调整，也可以应用在珍珠评级中。

· **颜色**。一颗好的珍珠，不管颜色是白色、粉色、奶油色、灰色、金色还是黑色，都需要有自己标志性的颜色或色调，颜色生动而不朦胧。

· **光洁度**。最受欢迎的珍珠通常都是那些表面干净、没有任何划痕、裂缝或者瑕疵的。

· **切工**。形状应该是正圆形、梨形或者纽扣形。

佳士得纽约分行出售的售价超过100万美元最好的卡地亚珍珠项链之一。

重量（克拉）：珍珠是以 mm 和谷为单位来衡量的，1 克拉 =4 谷，珍珠越大越好。

在购买珍珠前，建议大家从主要宝石实验室取得珍珠鉴定证书（是天然还是养殖）。对养殖珍珠而言，分析报告可以确定它的颜色是否天然，这将很大影响珍珠的价值。

佳士得国际拍卖行售出的著名天然珍珠

“女摄政王”（La Régente）

由佳士得日内瓦分行分别在1988年5月12日以859,100美元的价格售出，以及在2005年11月11日以2,516,360美元的价格售出。

描述：是一颗重302.68谷的天然卵形珍珠，悬挂在一个银色和金色叶片造型钻石装饰上（参见彩页部分）。

历史与重要意义：摄政王珍珠，由于状态良好，以及在大小、重量和历史意义上的优势，一直保持着单颗天然珍珠拍卖价格的最高世界纪录。

1811年，拿破仑以相当于总价8,000美元的价格购得“摄政王”珍珠，送给第二任妻子玛丽－路易斯皇后的礼物。随后，拿破仑三世把它作为爱的象征送给了新娘——尤金（Eugénie）。在1870年开始的法国政治动乱期间，摄政王珠与多数法国皇冠珠宝一起一直被隐藏于世，直到1887年在一场拍卖会上，被一位名叫彼得·卡尔·法贝热的俄国珠宝商（以收藏镶满宝石的纪念卵形珠宝闻名）以相当于35,000美元的价格买走。之后，他将这颗珍珠卖给了俄国公主Zenaïde Youssoupov，她很喜欢这颗珍珠，经常把它作为珍珠项链吊坠或者发饰佩戴。后来，随着俄国革命的爆发，几乎再没有人知道这颗珍珠的下落了。

萨拉珍珠（Sara Pearl）

由佳士得日内瓦分行于1992年5月21日以470,600美元的价格售出。

描述：是一颗重约292谷的灰色泪滴形珍珠，包括顶部配套的钻石珠帽（参见彩页部分）。

苏富比国际拍卖行（成立于1744年）

John Block先生与珍珠的渊源

John Block先生是苏富比执行副总裁和苏富比北美及南美的董事会成员。自1981年以来，他就一直负责苏富比珠宝及珍品部门，并监督苏富比每一笔珠宝交易顺利进行。他经手处理过一些来自许多名人如Annie-Laurie Aitken，Amelia Peabody，Benson Ford，Clare Boothe Luce， Andy Warhol，Ava Gardner，Paulette Goddard，Jack Warner，Harry Winston等所收藏的世间最美的珍珠。

John Block——谈珍珠拍卖

苏富比创造了天然珍珠、养殖珍珠、南海养殖珍珠和大溪地黑珍珠价格的世界纪录。在这个过程中，我们发现客户在竞拍珍珠时主要看中的是珍珠的品质，他们在考虑颜色、形状、光泽和表面光洁度等质量因素后，最看重的是大小，因为大小象征着地位。

在挑选购买珍珠项链时，要注意选择每一颗珍珠都应尽可能地互相匹配，从而体现整体平衡、和谐的感觉。在苏富比拍卖会上卖出的美丽项链，全部都拥有几乎完美匹配的珍珠。

下面介绍的珍珠，非常华丽，反映了珍珠的永恒之美，有的呈现出吸人眼球的罕见颜色，更以自身为例阐释了“一分价钱一分货”的意义。

苏富比拍卖行售出的著名天然珍珠

珍珠钻石皇冠（Pearl and Diamond Tiara）

由苏富比日内瓦分行于 1992 年 11 月以 645,000 的价格售出。

描述：这顶珍珠皇冠设计由一排珍珠与钻石叶子交替支撑着一排八叶图案，并以珍珠点缀的钻石进行装饰，在钻石叶子上有着一颗巨大的梨形珍珠（见彩页部分）。

历史与重要意义：这顶由莱蒙尼尔（Lemonnier）设计的皇冠是拿破仑三世为准备和尤金的婚事给巴黎的优秀珠宝匠下的订单。这一法式皇冠在 1887 年被卖了出去，并在 1890 年被艾伯特王子买下送给奥地利女大公玛格丽特的结婚礼物。近年来，这顶皇冠只在两个场合出现过，一次是 1980 年格洛丽亚公主与约翰内斯王子的婚礼上，另一次是 1986 年约翰内斯王子的 60 岁生日宴会上。经过苏富比拍卖之后，这一华美的创作随即被赠送给了巴黎的卢浮宫博物馆。

La Peregrina

由苏富比纽约分行于 1969 年 1 月以 37,000 美元的价格售出。

描述：这是一颗重约 203.84 谷的梨形珍珠，它有一个由无数玫瑰钻进行装饰的花形白金底座。

历史与重要意义：16 世纪中叶，人们在巴拿马发现了这颗华美的珍珠，当时由于珍珠牡蛎太小了，差点还没开封就被扔了。这颗珍珠最早被献给了菲利普二世，此后便开始在欧洲皇室间流转了几个世纪（参见第一部分第 2 章），在 1969 年，伊丽莎白·泰勒买了下来。

苏富比国际拍卖行售出的华丽养殖珍珠

天然黑色养殖珍珠钻石项链

天然黑色养殖珍珠钻石项链

由苏富比纽约分行在 1990 年 4 月以 797,500 美元的价格售出。

描述：这是一条由 27 颗天然黑色养殖珍珠组成的总长约 17 英寸的项链，这些珍珠尺寸在 13.5~17.9mm 之间，并通过一个集群式搭扣连接，搭扣上装饰有许多圆形、橄榄形和梨形钻石，重约 4.75 克拉，以白金镶嵌。

历史与重要意义：天然黑色养殖珍珠很少有尺寸超过 14mm 的。虽然苏富比也曾经拍卖过几条极其精致，且尺寸超乎寻常的大溪地珍珠项链，但是这一条项链，在苏富比拍卖史上，是最大也是品质最好的一条！它卖出了 797,500 美元的破纪录价格。

养殖珍珠钻石项链

由苏富比纽约分行在 1992 年 10 月以 2,310,000 美元的价格售出。

描述：这条项链长约 17 英寸（见彩页部分），由 23 颗养殖珍珠组成，这些珍珠尺寸在 16~20.1mm 之间逐渐过渡，它们通过一个镶有 60 颗总重量约 8.25 克拉的球形钻石的白金搭扣进行连接。

历史与重要意义：这条项链也许是“完美”珍珠的终极诠释，是第一条进行公开拍卖的拥有如此品质和尺寸的项链，打破了拍卖史上任何养殖珍珠的世界价格纪录！

极其罕见的天然绿色养殖珍珠项链

由苏富比纽约分行在 1988 年 10 月以 159,500 美元的价格售出。

描述: 这条项链长 17 英寸(见彩页部分), 由 31 颗天然绿色养殖珍珠组成，这些珍珠尺寸在 11.2~14.1mm 之间逐渐过渡，它们通过一个镶有一颗重 4.54 克拉的橄榄形“变色”钻石的白金搭扣进行连接。

历史与重要意义：这些非同寻常的天然浅银绿色珍珠是大溪地水域的产物。是第一条出现在拍卖会上的颜色如此不寻常却又高度匹配的大尺寸圆形珍珠项链。项链搭扣由一颗天然“变色”的钻石组成，这颗钻石颜色会从黄色到绿色进行变换，更衬托出珍珠独特的颜色。

一对重要的养殖珍珠耳夹

一对重要的养殖珍珠耳夹

由苏富比纽约分行在 1989 年 4 月以 176,000 美元的价格售出。

描述：这对珍珠耳夹由两颗纽扣形养殖珍珠组成，每一颗大小在 16.8~18.1mm 之间，并以白金装饰。

历史与重要意义：澳大利亚南海养殖珍珠出众的品质，配以惊人的尺寸，使得这一对耳夹成了一笔美丽的宝藏。

PART 6

第六部分

珍珠佩戴与保养

佩戴珍珠可以给人带来许多不一样的心情，同时也反映出不同女性的风格与特性。图片中的珍珠体现出女性的高雅时尚，以及怀旧与浪漫。

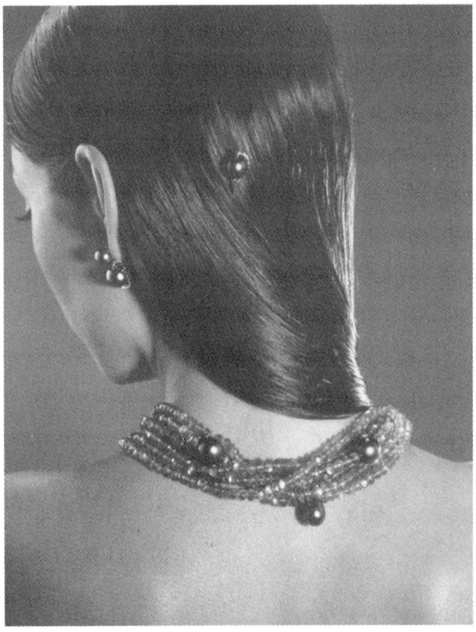

13/ 不同风格的珍珠佩戴

珍珠比其他任何宝石都要实用得多——可以在任何地方搭配任何风格佩戴，你也可以从早到晚都戴着，当你穿着运动装时，它们让你看起来显得聪明、有趣，当你穿着职业套装时，它们能为你增添“决策”感，即使当你穿着最迷人的晚礼服时，也能给你带来一种优雅的感觉。我们采用创意穿线、使用创意的搭扣以及与其他珠宝进行有趣的混搭，而这些不同的佩戴方式，更增加了珍珠的多样性和实用性。

创意串珠链

创意穿线可以使你的整体搭配更独特。对那些喜欢彩色的人来说，将珍珠与其他宝石穿在一起，可以打造出非常体现个人气质的珠宝。将珍珠与蓝青金石、桃色珊瑚、玫瑰色石英、绿沙金石或者黑玛瑙等宝珠穿在一起，会使颜色更多彩。这些珠子虽然比上等的珍珠便宜，但它们可以与珍珠相互衬托，如果你想花更少的钱买到一串长一些的项链的话，不妨考虑将它们跟珍珠穿在一起。这些珠子大小可以随意搭配——可以跟珍珠一样大，可以比珍珠小，可以比珍珠大或者也可以大小混合——都能创造出独特的风格。

如果你想打造出独一无二的风格，除了珠子以外，将珍珠与闪亮的刻面彩色宝石或光滑的合成宝石穿在一起也会是一种不错的选择。就像我们前面在第五部分第 11 章介绍的那样，根据你所选择的宝石颜色和种类的不同，所呈现的可能是非常大胆前卫，也可能是很性感诱人抑或是充满喜庆欢乐之感。

古典优雅的南海白珍珠串，由一颗南海珍珠和黑色皮革构成的具有当代感的珠串。

做珠串时，通过将不同尺寸、不同形状的珍珠穿在一起，可以给人带来一种柔和的雕塑感觉，除此之外，你还可以在混搭时加入不同的颜色进行点缀。如果你制作的是一串长项链，你也可以采用双层环绕或者扭转的方式，来呈现一种正式的“螺旋”感觉。

为了满足你的要求，你可能需要找到适合的设计师来进行正确的组合，你的珠宝商应该可以帮你介绍合适的人选。需要记住的一点是，确保在每一颗珠子与珍珠之间进行打结，以免划伤柔软的珍珠。

创意搭扣增添多样性

如今，创新式的珍珠搭扣已引起诸多关注，也为大家提供了许多有意思的佩戴珍珠新方法！你可以通过插入或者移除搭扣把一条长项链扭转成双链型的项链，或者你也可以添加或移除珍珠项链上的某一部分来形成一个项链/手链套装。

这些“神秘搭扣”常常能为珍珠配饰增添多样性。比起没有搭扣连接的项链，由“神秘搭扣”连接的珍珠项链更给人一种连续的感觉。实际上，所谓的搭扣就是通过在两颗珍珠间插入螺旋装置形成的，你只需通过拧动这两颗珍珠就可以轻松地拧紧或者松开项链。

通过给歌剧型长项链（34~36 英寸长）安装“神秘搭扣”，根据安装位置的不同，你可以获得下面几种不同的项链：

· 一条连续的歌剧型长项链。

· 一条公主型长度的项链和手链（可以从项链上拧下一小截戴在手腕上）。

· 一条双层项圈（分别长 16 英寸和 18 英寸）。

· 一条单层项圈（长 16 英寸或 18 英寸）。

根据你的心情或者今天所穿的衣领风格不同，你可以选择搭配不同的珍珠项链。如果你想要突出更华丽的感觉，你还可以再佩戴一枚胸针、别针或者珍珠配饰。即使你拥有一条项链，通过搭扣的使用，也可以使你看起来像拥有许多条项链一样！

珍珠缩扣和纽扣为我们佩戴珍珠提供了许多不同的方式，而珍珠配饰的使用可以为珍珠带来与众不同的效果，还可以用来突出其他的珠宝。珍珠配饰可以是吊坠类型或者胸针类型。

左：利用白色和黑色哑光雕刻纯银部件分隔近圆形澳大利亚南海珍珠，在减少大项链的成本的同时，创造出一种“大胆”的外观。
右：可以戴在脖子正面或者背面的创新型螺旋扣。

你的珍珠佩戴出你的创意

如今，你可以以任何想要的方式佩戴珍珠，大胆去尝试，勇敢去冒险——你可以在帽子上戴珍珠别针，在发上别珍珠发卡；把珍珠搭过肩膀或者把搭扣佩戴在正面，把珍珠垂在背后；把它们打一个温柔的小结，或者轻轻地扭动它们！看看在这本书的历史照片中的美丽女人是如何佩戴珍珠的……我们还有很多学习的空间！不论任何场合，珍珠总能为你带来合适的心情。

今天的女性以任何自己想要的方式佩戴珍珠。

养殖珍珠在穿着得体的男士中引起轰动

几个世纪一来，珍珠一直用于制作男士首饰，它们象征着权力与财富。从欧洲宫廷到莫卧儿帝国，几乎每个衣着得体的男士现身时都佩戴着珍珠。

今天的男士喜欢用各种各样的方式佩戴珍珠——如珍珠袖扣、珍珠领夹、珍珠大头针等。男性珍珠配饰在如今绅士的穿衣搭配中非常受欢迎。

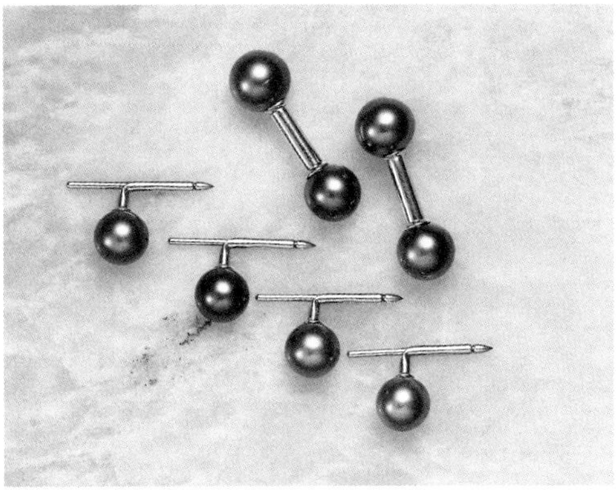

上：这些罕见的天然大溪地圆形黑珍珠构成了优雅高贵的绅士礼服套装配饰。单颗黑珍珠更突显男性非常强壮和阳刚的气质。

左：20 世纪初，波斯国王穆罕默德·阿里非常清楚该如何佩戴珍珠，图片中他佩戴着被誉为珍珠绝世之作的 Kajar 皇冠。

很少有珍珠能跟法属玻利尼西亚产的天然黑珍珠一样使男士们兴奋不已，尤其当它们用作礼服配饰时。很多男士喜欢将引人注目却又简单优雅的黑珍珠与白色的礼服衬衫或者牛仔夹克搭配在一起形成强烈对比，以彰显力量与自信。

设计师将珍珠打造成适用于任何场合的珠宝

曾几何时，“一串珍珠”还是人们经典衣柜的基本构成之一，任何讲究服装搭配的女性都离不开它。一串华丽的珍珠能够真正地独领风骚，不需要再依靠其他的饰物来引人注目，它为自己代言！而如今，拥有一串珍珠仅仅是一个开始！

如今，珍珠吸引着全世界最好的设计师的注意。他们开始欣赏珍珠精妙的形状和颜色，以及独特个性。最重要的是，设计师认识到种类繁多的珍珠可以带来无限的可能性。

下面是一些来自专业设计师设计的获奖作品，希望能给你带来一些激动人心的珍珠新造型灵感和珍珠的新发展方向。

Alishan（美国）

Gurhan（美国）

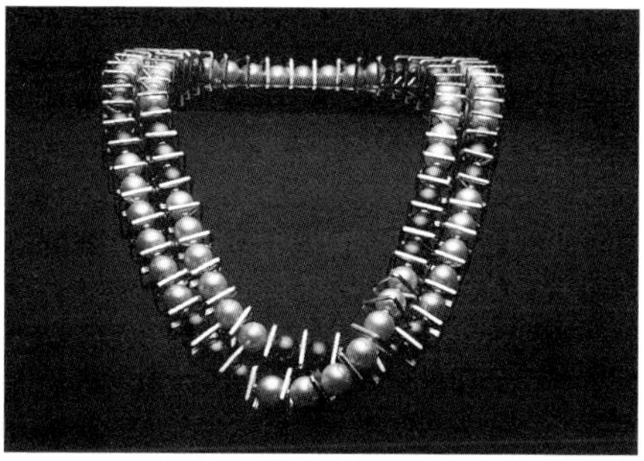

Whitney Boin（美国）

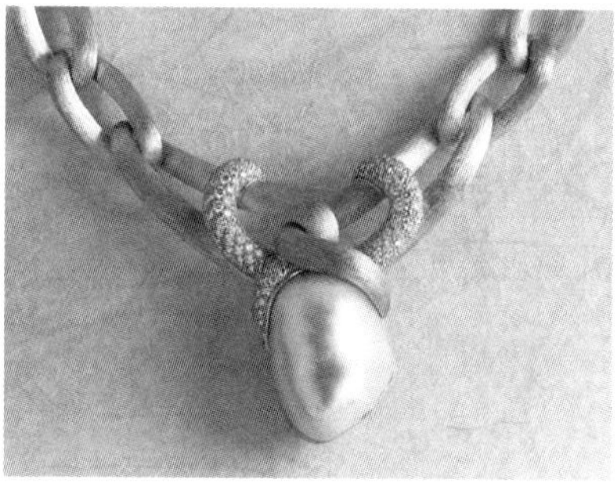

Henry Dunay（美国）

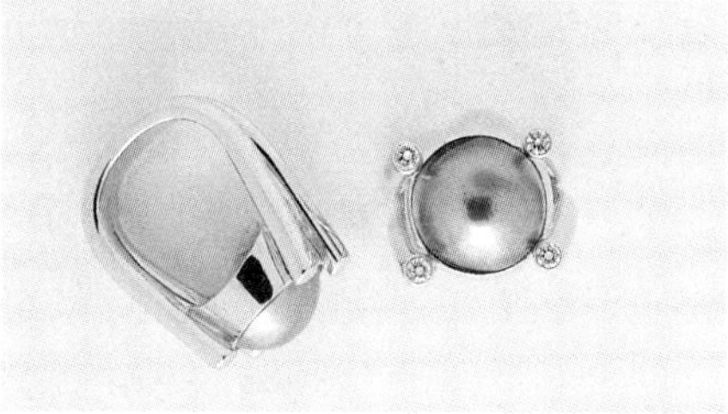

Sarkis Saziz（美国）

Ellagem（美国）

在奇妙的珍珠世界，总有一颗适合你的珍珠在等着你。如果你跟大家一样，那么你对珍珠了解得越多，看见得越多，你希望得到的珍珠就越多！

项链相关术语

- **围兜型**——由超过 3 串珍珠构成的项链
- **衣领型**（或者狗项圈）——紧密贴合脖子，由多串珍珠构成的项链
- **渐变型**——项链在中心包含一颗大珍珠，珍珠个头逐渐向两边减小
- **均匀型**——项链中所有珍珠的大小接近
- **结绳型**（又称“吊坠型”或者“套索型”）——比“歌剧”长的项链都可以称作结绳型项链，通常长度超过 36 英寸
- **螺旋型**——由多串珍珠拧在一起形成的项链，通常是短项链，也有更长一些的

流行的均匀项链长度

（所有珍珠大小基本一致）

1. 短项链…………………… 14~16 英寸
2. 公主型…………………… 17~18 英寸
3. 玛蒂妮型………………… 20~24 英寸
4. 歌剧型…………………… 30~36 英寸
5. 结绳型……………………超过 36 英寸

流行的渐变项链长度

（项链中间的一颗珍珠较大，两边珍珠逐渐从前至后缩小）

下面分别是最大和最小的珍珠尺寸

- 7mm 到 3.5mm…………19 英寸
- 8mm 到 4mm……………19 英寸
- 9mm 到 6mm……………20 英寸

14/ 珍珠光泽保养

一旦你选好了珍珠，为保持美丽，还需要对它们进行适当保养才行。珍珠的致密结晶结果使它们非常耐用，但同时不可忽视的一点是它们又非常柔软。如果你希望自己的珍珠能够一直保持美丽的光泽，并且能作为你的财富传递给后代，因此对它们进行适当保养是必不可少的。下面是一些重要的保养技巧：

· **为避免珍珠表面被锋利的金属边缘或者尖头划伤，请将珍珠保存在独立的小袋子中。**千万不要把它们随意扔进钱包或者旅行箱里。请把珍珠放进或者存放在那些又便宜又可爱的中国进口的缎袋里，当然，也可以存放在其他有着柔软边缘的小袋里。如果你没有任何类似的小袋，可以用手帕或者柔软的纸巾把珍珠包裹起来。如果只是短期贮存的话，你还可以用密封塑料袋来保护它们，但是，千万不要把珍珠长期放在密闭的环境里，它们需要湿度，并且需要保证塑料容器密封来避免湿度流失。

· **避免珍珠跟这些物质接触——醋、氨、任何含氯漂白剂、油墨、发胶、香水、花露水和化妆品。**在你喷完发胶、香水和涂完化妆品后再佩戴珍珠。这些物质会弄脏或者分解珍珠表面。对珠串或项链而言，这些物质还会使得污垢和磨砂颗粒（来自化妆品）黏附在项链上；如果不除去这些磨砂颗粒，珍珠钻孔处将会非常容易出现磨损，更别提还会削弱项链强度，使它们更容易破碎。

请特别当心不要把醋、氨和氯弄在珍珠上。醋是沙拉配料中不可或缺的一部分，如果你吃沙拉时不小心滴了一滴在你的珍珠戒指上，这很可能会给它带来灾难性的后果。几年前，我有几颗珍珠就是这么被毁掉了。那次我戴着一串巴洛克珍珠项链，而我的一位朋友不小心把一些沙拉配料溅到了上面，当时我们并未发现，于是我把项链摘下来就直接放进了首饰盒里，过了几个月，当我把项链从首饰盒里拿出来时，我简直太吃惊了，在那些珍珠上出现了许多小洞，那些醋竟然把它们给吃掉了！

氨对珍珠来说也是致命的。请记住，许多商业珠宝清洁剂都含氨，千万不要用它来清洗珍珠。除此之外，许多家用清洁剂也是含氨的。有一次，我的一位朋友戴着一枚珍珠戒指参加珠宝展会，在她打扫橱窗时，忘记把戒指摘下来，除了“喷”玻璃之外，还喷在了珍珠上而毁掉了这颗珍珠。

最后，请记住，氯常用于公共游泳池消毒，所以永远不要戴着你的珍珠首饰进入游泳池。

· **在把珍珠收起来前，请先用湿润的软毛巾轻轻擦拭珍珠表面。**擦掉珍珠表面残留的身体油脂和汗水，以及一些其他破坏性物质，这些物质对珍珠的颜色伤害巨大。

· **建议定期清洗珍珠。**在温和的肥皂水（不是洗衣粉）中用软布轻轻擦洗珍珠。为了保证清理干净，你也可以用一把柔软的刷子进行清洗。洗完后，用清水冲洗干净，然后用一块干净、湿润的棉质毛巾把珍珠包裹起来（用那种类似于厨房毛巾，将它润湿后，尽量拧干）。当毛巾干了的时候，珍珠也就干了，这样你也可以避免给它们带来其他风险。**千万不要使用含氨的珠宝清洁剂，含有氨、醋的化学品，或者磨砂清洁剂来清理珍珠。**

如果要清洁黏性灰尘，可以采用擦拭珍珠的方法，或者把珍珠放在透明卸甲水（老式的含丙酮的类型）中浸泡清洁。与氨和醋不同，丙酮不会伤害珍珠。

· **避免将珍珠存放在过度干燥的地方。**珍珠喜欢潮湿的环境；过度干燥的环境会导致珍珠层出现裂缝。实际上，在日本，有的珠宝商会在橱窗中放置许多小瓶装的水以避免灯光过热引起环境干燥。如果你把珍珠存放在保险箱中，请格外注意，这些地方通常非常干燥。记得在箱子里放一块潮湿的（不是湿的）布，并且定期检查湿度，看看是否需要重新浸湿。另外需要注意的是，不要使环境过于湿润，在黑暗的环境中，湿气太重有可能出现霉变。

·**请定期重新穿线**。如果你的珍珠经常佩戴，我们推荐你一年进行一次重新穿线。为了防止珍珠间相互摩擦而损坏珍珠层，或者为避免穿线意外断裂而导致珍珠散落丢失，我们应该在每颗珍珠间都打上小结以进行分隔。有一种例外的情况是所用到的珍珠个头都非常小，在这种情况下，在每颗珍珠间打结可能会影响美观，这个时候，我们推荐用丝来进行穿线。

·**进行剧烈运动前请先摘除珍珠**。汗水对珍珠来说是很不利的，更重要的一点是珍珠比其他大部分宝石都要柔软，你千万要小心，别戴着珍珠进行任何有可能划伤或者敲击它们的活动。

·**请不要进行超声波清洗**。这样做会损害珍珠，尤其在珍珠层较薄或者珍珠表面已经存在裂缝的情况下更是如此。

·**抛光受损的珍珠有可能使其恢复往日之美**。在移除珍珠表面点蚀、划痕和斑点这项工作上，我们已经有了许多成功的案例，可以使用非常轻柔的磨砂粒和麂皮对珍珠表现进行抛光，我们只需要轻轻地用麂皮和这些化合物去摩擦珍珠表面（如 Linde-A 抛光化合物，可从多数宝石供应商处获得）。你可能会惊喜于发现你的珍珠重获昔日之美，但是需要注意：如果你的珍珠珠层较薄，千万不要采用这种方法！因为这些磨砂粒还会移除部分珍珠层！

修复严重受损珍珠的新型生物技术也正在开发中。这项技术是通过将珍珠放回软体动物中，并利用某种液体来刺激珍珠层产生而实现珍珠修复。虽然还处于实验阶段，这也表明裂缝和钻孔是有可能被“新的”珍珠层填满的！

PART 7

第七部分

在购买前和购买后的重要建议

15/ 购买珍珠时应该问什么问题

下面这些问题可以给你提供信息，帮你做出更好的对比和选择。我们已经提到过，要确保所有的信息都在收据上注明。收据上显示的信息就是卖方向你描述的内容的凭据。若出现虚假描述，收据上标明的信息可以帮你获取赔偿。在美国，《消费者保护法》要求对事实进行准确而全面地描述。如果存在欺诈行为，卖方需要承担法律责任；在这种情形下，不管商店有何规定（比如不退换或者不赊销），卖方都必须退还货款，或者交付符合书面说明要求的产品。

1. 这些珍珠是天然的、人工养殖的，还是人造的？如果是天然的，请记得确保收据上须注明“天然珍珠”字样。同时，如果是人工养殖的，记得必须有配套的实验鉴定报告。如果无法判定，那么请记得获取实验室检测报告（见第七部分第 17 章）。

> **注意：**X 射线检查可以验证珍珠是不是天然的。但需要宝石鉴定实验室利用相应的专业设备进行检测，一般的 X 射线是不可靠的。

2. 珍珠形状是怎样的？索要一份关于形状描述的报告，比如是圆形、巴洛克形，还是泪滴形，等等。如果是巴洛克形，还请注意是否对称。如果是圆形，请务必问清是不是真正的圆形，还是四分之三圆（三节圆）。如果是圆形，记住在收据上清晰地标明“圆形”（你可能还需要标明更具体一些，比如非三节圆）。

3. 如何描述珍珠的整体质量？虽然对珍珠质量评定不存在普遍公认的分级标准，但对资深的珠宝商而言，都有着一套自己的评价体系。他们知道出售的珍珠是非常好、好、一般，还是差。关于整体质量的描述也应该出现在收据上（如果珠宝商使用“AAA”这一类术语，记得问他们是用什么标准来定义质量差异的）。

4. 珍珠层厚度是多少？通常情况下，珠宝商一般不知道珍珠层的准确厚度，但是资深的珠宝商可以通过光泽强度告诉你是薄还是厚，并会在收据上进行标注。我们建议你在购买前了解珍珠层厚度；如果珠宝商不知道厚度的话，可以要求将珍珠送到实验室进行检测。如果珠宝商不愿意这样做，而你又想知道珍珠层的厚度，可以自己递交给实验室进行珍珠层厚度测定（见第七部分第 17 章）。

注意：黑珍珠的珍珠层厚度必须通过 X 射线测定，即使是有钻孔的黑珍珠，珍珠层厚度也无法像“白色”珍珠或者“亮”珍珠一样通过放大镜或者显微镜检测出来。

5. 这些珍珠光泽好吗？是否呈现晕彩？你需要弄清楚珠宝商如何定义光泽度等级（异常高、非常高、高、中等、普通和差）。请记住，如果这些珍珠呈现出晕彩，很可能有比较厚的珍珠层。

6. 珍珠的颜色是什么？资深的珠宝商应该能够告诉你珍珠的体色和伴色，并且会把颜色信息注明在收据上：例如，“白－粉”的意思就是白色的体色和粉色的伴色。对于彩色珍珠而言，体色、伴色和色调都必须进行书面注明；例如“深金色－粉”，描述的珍珠体色为深金色，并拥有粉色伴色。

7. 如果是彩色珍珠，其颜色是天然的吗？如果珍珠颜色是天然的，请务必让珠宝商在收据上注明。同样，还需要有配套的实验报告证明其颜色是天然形成的。请务必索取原始报告，让珠宝商将报告号和报告日写在收据上，并附上注释“如所附报告所述”。如果没有实验室报告，可以请珠宝商去获取报告，或者在交易达成前，你要求对购买的天然颜色进行核查并且获取实验报告（见第七部分第 17 章）。

注意：如果收据上注明“天然颜色”，那么珍珠的颜色必须是天然形成的，否则，卖方就存在虚假描述成分。

8. 如何评价珍珠“表面光洁度”？虽然对珍珠表面光洁度的评价也不存在普遍统一的标准，但收据上仍然要进行大致描述或标注，比如“完美”“很好”“一般”，等等。

有时商家会使用类似于“完美无瑕”“VVS”“VS”“SI”或者“不完美”的术语进行描述。“VVS”是指珍珠存在非常非常轻微的瑕疵，相当于“很好”；“VS”是指珍珠存在非常轻微的瑕疵，相当于“好”；“SI”是指轻微瑕疵，相当于“良好”；“不完美”意味着珍珠存在严重的瑕疵，相当于“劣质”。

9. 这些珍珠的尺寸大小？对这品种珍珠而言，它的尺寸是平均尺寸？是大？还是小？请记住，随着尺寸的增加，珍珠的价格也在增加（随着每半毫米增加）。请确认收据上记录有精确的尺寸。在描述均匀珠串中珍珠的尺寸时，通常以每半毫米作为范围划分标准，例如“7.0~7.5mm”，或者“7.5~8.0mm”，以此类推；对渐变珠串而言，请分别标明最大和最小的珍珠尺寸，其他的则标为平均尺寸。

了解你心仪的珍珠品种中对尺寸的划分，对你而言是有帮助的，因为尺寸往往体现着珍珠的稀有性和价值，方便你能更好地进行估值。例如，对南海珍珠来说，10mm 的珍珠不算很大，但对日本海水珍珠来说，10mm 的珍珠已经算是极大了，并且是很稀有的珍珠了；10mm 大小的海水珍珠项链比同类的 9mm 大小的项链要贵得多。

10. 这些珍珠匹配度如何？当你在购买珍珠项链、手链或含有许多颗珍珠的珠宝时，珍珠间的匹配度非常重要。匹配度较低的珍珠很容易就能看出来，比起匹配度高的珍珠而言，所需花费也应该低很多才是。

上面的这些问题可以帮助你更快地具有辨别珍珠品质差异的能力，并帮助你决定对你而言什么是最重要的。

如何选择一家信誉好的珠宝商

要给出如何选择珠宝商的建议是一件很难的事情，因为我们给出的任何规则都可能存在各种例外的情况。珠宝商的规模和年限并不总是能作为判断是否可靠的依据。有些个人珠宝公司声誉非常高，有些却不是。有些公司已经在珍珠行业奋斗了很多年，并一直在最高标准的诚信和技术水平的基础上进行交易；而有些公司早就该被这行业淘汰了。

值得强调的一点是，对于普通消费者来说，仅从价格来判定卖方的诚信和技术水平是不可取的。除了珍珠品质的差异，珠宝生产过程的不同也会导致价格的较大差异，而这点往往不容易被消费者所辨别。许多珠宝制造商将大规模生产线生产出的高质量珠宝供应给全国各地的珠宝商。大多数情况下，大规模生产的产品都能体现出美丽、经典的设计，通常比那些规模有限的生产线产出的，或者独一无二的手工制品要便宜得多。有些设计师只在某些特定场所工作，由于其技术、劳动成本、声誉和限量等会产生溢价。独一无二的手工制品通常要比大规模生产的产品要贵很多，因为生产的原始成本由个人承担，而不是像大规模生产那样由大家共同分担。

此外，各家商店、零售商也各不相同，这主要受各零售商的众多独特因素影响，包括保险覆盖范围差异、安全成本差异、信用风险差异、教育培训费成本差异、特殊服务的不同，如内部设计和定制珠宝和维修、客户服务政策，等等。

想要做出明智的选择的最好方法就是到处去逛逛。去你所在区域的几家比较好的珠宝公司，比较他们的服务、看看销售人员的见识、产品的质量和具体商品的定价。这样，你会对所在市场的合理价格形成一个大概的判断。同样地，为了确保指标是可比的，请记得询问正确的问题，并请注意设计和生产上的差异。在选择的过程中，考虑以下问题可能会对你有所帮助：

· **企业在行业中经营的时间有多长？**去工商局进行快速核对，可以看出来是否有大量的消费者投诉。

· **珠宝商、经理人或者珍珠所有者的宝石学证书是什么机构？**他们是否具有珍珠相关领域的专业特长。

· **商家能提供哪些特殊服务？**是否提供定制珍珠服务、寻找稀有或者不寻常珍珠的服务，或者是否提供某些教育项目？

· **你会如何描述商家给人的整体感觉和氛围？**珠宝展示是否漂亮？员工看起来是否专业和乐于助人？抑或是给人爱出风头咄咄逼人的感觉？

· **商店的退款政策是什么？**是全额退款还是只退回商店信用积分？退款需要多久？什么情况下珠宝可以退回？

· **珠宝维修和更换政策是什么？**

· **珠宝商会同意将某件作品采用“记账”的方式拿走吗？**你不妨问问看，有些珠宝商是同意这样做的。然而，由于日益增长的安全风险以及保险公司的要求，除非你与这个珠宝商有私交，现在一般情况下商家是不会同意采用这种方式的。

· **珠宝商可以在多大程度上确保产品与描述的文字保持一致？**请保持谨慎，确保你询问了正确的问题，并且确保账单上记录了这笔交易的完整准确的信息，否则的话，你可能会发现自己被专业术语所迷惑。

如果珠宝商不愿意或者不能给你提供必要的信息，无论你对这件产品有多么喜爱，我们还是建议你去另一家商店看看。如果你是在应急情况下进行交易，务必将应急条款列在账单上。

永远不要让自己被商家的花言巧语迷惑而接受任何买卖。对于那些说“尽管相信我吧”或者那些试图用“难道你不信任我吗”来吓唬你的商家保持警惕。

一个值得信赖的珠宝商不会索取你的信任；他会通过见识、可靠性，而更愿意以书面方式给你提供所需要的信息来赢得信任。

总的来说，如果你愿意花较多的时间在珍珠上，并且愿意花时间去拜访几家珠宝商进行比较时，你就会发现当你在辨别一家珠宝商是否资深、是否有信誉的时候，你会更有经验。除非你是珍珠专家，不然，请多拜访几家优秀的珠宝公司，多问一些问题，仔细观察商品，然后再做出你的决定。

16/ 做好珍珠价值评估才能做好珍珠投保

好的珍珠非常昂贵，当你的珍珠发生丢失、损坏或者被盗时，为确保你可以抵御这种风险，对珍珠进行完整的价值评估就显得非常重要，尤其当投保公司是对这些珍珠提供更换而不是进行等价赔偿时，珍珠的价值评估就更为重要了。一次完整的珠宝评估能给保险人提供非常充分的信息，使人在更换丢失或者损坏的珍珠时，能够真正换回“品质相当”的珍珠。

珍珠评估应该不仅限于对其当前零售价格的评估，还应该包括对珍珠是不是天然的还是人造的等属性的鉴定，以及珍珠品质的全面描述。一次全面的评估可以帮助你选择合适的保险，使你在更换珍珠时可以换取“同类型”的珍珠，并且可以作为在珍珠丢失或被盗后的有效的识别或认领依据。珠宝评估师也可以把你的珍珠提交给宝石鉴定实验室，以确认重要的信息并获取必要的相关文件，例如，珍珠是天然还是养殖的，珍珠真正颜色来源以及珍珠层厚度等。

珍珠评估内容应该包括对珠宝首饰类型的描述（项链、戒指等），对搭扣类型、珍珠品质，以及所用到的其他宝石的详细描述。在描述珍珠本身时，必须说明珍珠是天然的还是养殖的，珍珠的种类（如圆形，淡水南海珍珠等）、颜色、光泽和晕彩度，以及表面纹理、形状、圆度和大小。如果是对项链进行评估，需要提供珠串数量、每条珠串的长度及所包含的珍珠数，是否打结，以及每条珠串中珍珠的匹配情况。如果是渐变型珠串，还需要提供最大的（中心的）珍珠尺寸和珠串两端每颗小珍珠的尺寸，以此说明渐变的均匀程度。

我们要找一位合格的、具有资质的珠宝评估师来进行珍珠鉴定。

选择具有独立资质的实验室或珠宝评估师

对于开展珠宝评估业务或者开设珠宝实验室而言，并不存在正式的官方指南或标准。任何人都可以声称自己是一名“珠宝评估师”，虽然在业内有许多高素质的专业人才，但也有一些缺乏专业知识的人士提供这类服务。因此我们需要精心选择评估师或实验室。此外，如果进行评估或打印报告的目的是验证真伪和鉴定品质，我们建议你选择宝石鉴定或评估行业相关人员，而不是宝石销售行业人员。

成为一名合格的宝石学家或宝石评估师需要经过一系列正规培训和经验的积累。为确保你所确定的人选是否经过专业的培训，你需要确认他是否持有相关专业证书。对于珍珠的评估也许还需要用到一些特别的专业知识，所以还应该了解你的评估师是否有相关的从业经验来评估你的珍珠。

· **提供指定证书。**查看是否具有由美国宝石学院和全球各地宝石协会（例如英国皇家宝石协会）所颁发的国际认可证书。例如美国宝石学院颁发的最高 GG 证书（研究宝石学家）、英国皇家宝石协会颁发的 FGA 证书、德国颁发的DGG 证书和亚洲颁发的AG 证书，以及其他宝石学会颁发的相应证书（澳大利亚颁发的 FGAA 证书、加拿大颁发的 FCGA 证书）。请确保你选择的宝石学家拥有以上证书之一。

· **注意宝石学家的从业时间。**要成为一名值得信赖的宝石学家，不仅需要经过正式的培训，还要求具有从业的相关经验，能够使用特定设备仪器来进行准确地判断评价，并一直在这个领域工作。对珍珠进行评估的珠宝家，至少需要在设备齐全的实验室工作几年，并且长期接触各种各样的养殖珍珠和天然珍珠，才能具备珍珠评估的能力。

下面列出的是一些在美国备受推崇的珠宝鉴定机构，希望可以帮助你在你的社区找到一家可靠的、具有独立资质的实验室或一位珠宝评估师。

美国鉴定师协会
邮箱　17265
华盛顿哥伦比亚特区　20041
（703）478-2228
提供现有的宝石鉴定大师名单

美国宝石协会
8881　西撒哈拉
拉斯维加斯，内华达州　89117
（702）255-6500
提供独立的认证宝石学家以及宝石鉴定师名单

认证宝石学家协会
1115 南 900 东
盐湖城，犹他州　84105
提供认证宝石实验室以及宝石专家名单

国际珠宝鉴定师协会
邮箱　6558
安纳波利斯，马里兰州　21401-0558
（410）897-0889
提供认证鉴定大师以及认证高级鉴定成员名单

17/ 获取实验室检测报告

虽然一名好的宝石学家可以确认珍珠的品质和价值，不过大多数情况下，缺少鉴定珍珠是否天然以及是否经过特殊复杂处理所必要的设备。因此，除了由一名好的珠宝评估师进行评估以外，我们建议任何人不论在购买高品质天然珍珠还是养殖珍珠时，都应该获取由声誉良好的实验室所出具的检测报告，尽管在当时检测报告并不能作为常规报告随珍珠一起售出。

当你在选择鉴定实验室时，首先需要弄清楚检测报告会提供什么信息。从本章所列举的示例报告中你会发现，不同实验室所提供的信息各不相同，根据报告所涵盖的内容不同，收费也各不相同。通常费用是比较合理的，想进一步了解的话，任何有声望的鉴定实验室都非常乐意为你提供珍珠检测服务及收费清单。

大多数鉴定实验室都提供各种复杂珍珠检测，包括 X 射线法，用于确定珍珠类型（天然、养殖等），此外，检测报告通常还提供关于**大小 / 重量，形状，颜色和珍珠数量**珠串或者首饰中珍珠的数量）等信息。对黑色、金色、绿色等彩色养殖或天然珍珠而言，报告还应该说明其**颜色是天然形成还是人工处理。**对于人工处理过的珍珠，有些实验室还能鉴定出是通过什么方式进行处理的（不过消费者通常不需要知道珍珠通过哪种方式进行颜色增强，只需知道颜色是否天然形成）。

鉴于珍珠层厚度和珍珠的寿命之间的关系，珍珠层厚度是任何贵重珍珠首饰的关键信息。如果可能的话，我们强烈建议你从可以提供**珍珠层厚度**信息的实验室取得报告，尽管大多数实验室尚不提供此项服务。

在珍珠钻孔肉眼可见的情况下，独立的实验室或有经验的宝石鉴定师通常能够对珍珠层厚度做出准确的评估，在珍珠未钻孔的情况下，多数实验室或鉴定师也可以根据珍珠外观大致估计出珍珠层厚度，并指出哪些珍珠的珍珠层厚度是存在风险的。若珍珠钻孔很难检查或珍珠没有钻孔，对珍珠进行进一步复杂的实验室检测显然是很有必要的。

不论珍珠是否天然，颜色是否自然形成，想要获得精确的珍珠层厚度，实验室检测报告都是不可或缺的环节。宝石鉴定师会把珍珠层厚度与珍珠光泽、表面光洁度、形状和颜色，这些信息一起作为珍珠品质评估的依据，并据此估计出珍珠的价值（大实验室并不提供价值相关信息，许多甚至不提供珍珠品质分析服务）。越来越多的独立鉴定实验室和宝石鉴定师采用“大师”分级标准对白色海水养殖 akoya 珍珠进行分级，如“G.I.A 珍珠分级标准”和“I.G.I 养殖珍珠分级标准”。

在没有其他显示珍珠质量信息时，一位珠宝评估师对你珠宝的质量评估报告，在你确认珠宝卖家所提供的信息是否正确时，是非常重要并且有很大帮助的（请记住：珠宝商对珍珠品质分级有着一套自己的分级系统；一位珠宝商的“AAA”品质珍珠在另一位珠宝商那可能相当于“B”级）。宝石鉴定师可以帮助你更好地了解所拥有珍珠的品质，他们通常可以大致分为——极度罕见、极好、很好、好、一般、差、很差，这几种等级。

如果你不方便将珍珠送到鉴定实验室或宝石评估师处，可以要求珠宝商代表你将珍珠提交给你选择的实验室进行鉴定评估。如果对将珍珠委托给一个陌生的机构心存疑虑，你也可以选择美国邮政进行投保运输，许多贵重物品都是采用这种方式发往美国各地，多数宝石和珠宝首饰也是采用这种邮寄方式进行运输的，所以你大可放心。

国际珠宝鉴定室发行的珍珠报告

以下挑选出的珠宝鉴定室发行的报告，包括珍珠的种类是天然的、养殖的还是人造的等鉴定信息，还包括珍珠的颜色是天然的还是后期处理的等鉴定信息，当然也有尺寸、重量和外观等信息。

有一些实验室会对珍珠层厚度进行描述并标明，一些实验室只在客户要求的情况下提供珍珠层厚度数据。有一些实验室除了提供珍珠层厚度数据外，还提供其他重要的品质因素分级情况。

由于珍珠层厚度和品质情况逐渐成为大家关心的重点，越来越多的实验室开始提供此类鉴定服务，目前还未提供类似服务的实验室也可能逐渐开始提供这些服务。因此，当你在寻找珍珠鉴定相关服务时，请直接与实验室联系，了解所提供的服务情况。

实验室检测服务所列关键词

· A= 提供基本报告，说明珍珠属性（天然、养殖、人造），尺寸 / 重量，颜色，形状。

· B= 提供基本报告，并提供珍珠层厚度说明（如“厚”“中等”“很薄”等），有些实验室会提供以 mm 为单位的珍珠层厚度数据（如果提供，会加以说明）。

· C= 提供珍珠质量报告，包括基本信息，珍珠层厚度，以及光泽度、表面光洁度、形状和珠串匹配度分级情况。

· T= 提供只适用于“交易”的报告（在这种情况下，你可以要求珠宝商为你获取报告）。

可发布珍珠检测报告的国际实验室列表

美 国

美国宝石学院

G.I.A. 宝石交易实验室

第五大道 580 号

纽约，纽约州 10036

（212） 221-5858

Armada 街 5345

卡尔斯巴德市， 加利福尼亚州 92008

（760） 603-4000

提供珍珠报告类型：A

国际宝石学院

第五大道 579 号

纽约，纽约州 10036

（212） 753-7100

提供珍珠报告类型：A，B（钻孔珍珠）， C

AGTA 宝石检测中心

东第 48 街 18 号， 2002 房间

纽约，纽约州 10036

212-752-1717

提供珍珠报告类型：A，B（要求时，可提供 mm 级珍珠层厚度数据）

欧洲宝石实验室（EGL USA）
西 47 街 30 号
纽约，纽约州 10036
（212）730–7380
提供珍珠报告类型：A，B（要求时可提供 mm 级平均珍珠层厚度数据），T

日　本

中央宝石实验室
宫城县
5–15–14 上野地区
台东区，东京
日本
（03）3836–3219
提供珍珠报告类型：A，T

中　国

亚洲宝石学院及实验室（AGIL）
洛克街 11 号 7 层
九龙尖沙咀，香港特别行政区
（852）2723 0429

瑞　士

古柏林宝石实验室
Maihofstrasse 102
CH–6000 Lucerne 9

瑞士

（41）（41） 261717

提供珍珠报告类型：A，B（要求下可口头报告）

SSEF 瑞士宝石学院

Falknerstrasse 9

CH-4001 Basel

瑞士

（41）（61） 262-0640

提供珍珠报告类型：A，B（要求下提供）

德　国

德国宝石实验室（DSFE）及宝石研究中心

Prof.-Schlossmacher-Str. 1

D-55743 Idar-Oberstein

德国

报告类型：A

英　国

英国皇家宝石协会

格雷维尔街 27 号

（红花山入口）

伦敦

EC1N 8TN

英国

+44（0）207-404-3334

提供珍珠报告类型：A，B（要求下提供），T

意大利

CISGEM

Via Ansperto，5

20123 米兰，意大利

（39）（02）861-5525

提供珍珠报告类型：A，B（提供 mm 级珍珠层厚度数据），C

泰　国

亚洲宝石科学学院（AIGS）

珠宝交易中心，33 层

是隆大街　919/1

Bangrak，曼谷 10500

泰国

GEM TRADE LABORATORY

A DIVISION OF GIA ENTERPRISES, INC.
A WHOLLY OWNED SUBSIDIARY OF THE NONPROFIT
GEMOLOGICAL INSTITUTE OF AMERICA, INC.

580 FIFTH AVENUE
NEW YORK, NY 10036-4794
212-221-5858
FAX: 212-575-3095

1630 STEWART STREET
SANTA MONICA, CA 90404-4088
310-828-3148
FAX: 310-829-1790

1234567

IDENTIFICATION REPORT

FEB 1 1996

This Report is not a guarantee, valuation or appraisal. Its contents represent the opinion of the GIA Gem Trade Laboratory at the time of grading, testing, examination and/or analysis. The recipient of this Report may wish to consult a credentialed jeweler or gemologist about the information contained herein.

At the time of the examination, the characterization of the item(s) described herein was based upon the following as applicable: magnification, millimeter gauge, non-contact measuring device, electronic carat balance, color comparators, standardized viewing environment and light source, ultraviolet lamps, refractometer, dichroscope, spectroscope, polariscope, specific gravity liquids, ultraviolet-visible and infrared spectrometers, X-ray fluorescence spectrometer, gamma-ray spectroscopy systems, beta radiation scintillation detector, radiation survey meter, X-ray luminescence equipment, X-ray powder diffraction camera, X-radiographic equipment, and ancillary instruments as necessary.

THIRTY-THREE (33) BLACK PEARLS GRADUATED FROM APPROXIMATELY 15.20 MM TO 11.30 MM IN A SINGLE STRAND NECKLACE WITH A WHITE METAL CLASP SET WITH ONE (1) TRANSPARENT NEAR COLORLESS ROUND BRILLIANT AND NUMEROUS NEAR COLORLESS ROSE CUTS.

SAMPLE

CONCLUSION:

CULTURED PEARLS, NATURAL COLOR

This hologram is an additional measure of assurance of a GIA Gem Trade Laboratory Report.

NOTICE: IMPORTANT LIMITATIONS ON REVERSE

GIA Gem Trade Laboratory

GIA 宝石交易实验室报告样本

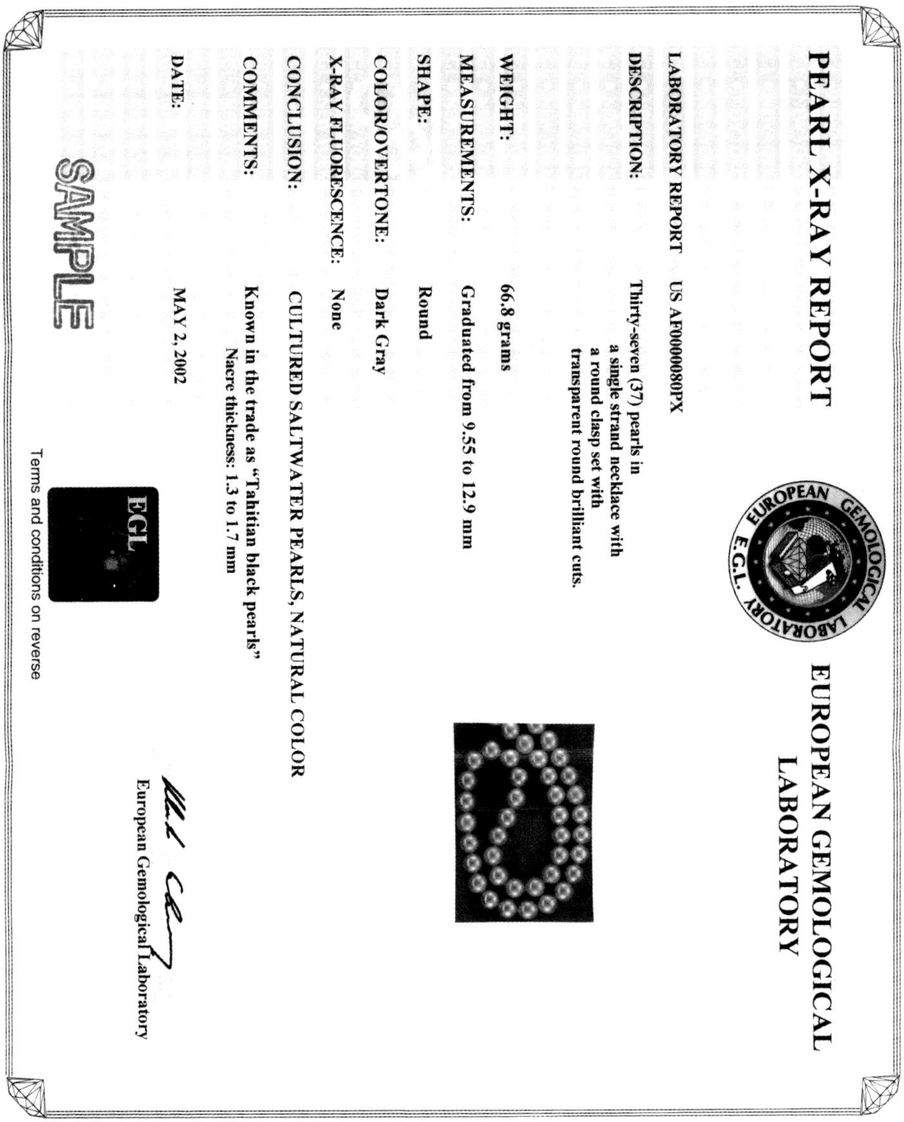

PEARL X-RAY REPORT

EUROPEAN GEMOLOGICAL LABORATORY

EUROPEAN GEMOLOGICAL LABORATORY E.G.L.

LABORATORY REPORT US AF000080PX

DESCRIPTION: Thirty-seven (37) pearls in a single strand necklace with a round clasp set with transparent round brilliant cuts.

WEIGHT: 66.8 grams

MEASUREMENTS: Graduated from 9.55 to 12.9 mm

SHAPE: Round

COLOR/OVERTONE: Dark Gray

X-RAY FLUORESCENCE: None

CONCLUSION: CULTURED SALTWATER PEARLS, NATURAL COLOR

COMMENTS: Known in the trade as "Tahitian black pearls"
Nacre thickness: 1.3 to 1.7 mm

DATE: MAY 2, 2002

SAMPLE

EGL

European Gemological Laboratory

Terms and conditions on reverse

欧洲宝石实验室提供的养殖珍珠分级报告样本

APPENDICES

附录

何处获取补充信息

养殖珍珠信息中心

东 53 街 321 西街 30

纽约， 纽约州 10022

珠宝信息中心

范德比尔特街 52 号，19 层

纽约， 纽约州 10036

珍珠学会

格鲁夫街 623 号

埃文斯顿， 伊利诺伊州 60201

世界珍珠组织

日本珍珠协会

新宿， 3–6–15

新桥，筑地

东京，日本 104

除了上面所列出的协会外，下面这些国际杂志是可靠信息的来源之一

《珍珠世界》
西凯乐道 302 号
凤凰城，亚利桑那州 85021

《珍珠学会通讯》
（珍珠学会发表）
格鲁夫街 623 号
埃文斯顿，伊利诺伊州 60201

推荐阅读

Ball, S. H. *The Mining of Gems and Ornamental Stones by American Indians.* Washington, D.C.: Smithsonian Institution, Anthropological Papers No.13, 1941.

《美国印第安人的宝石和观赏石的开采》，本书介绍了本土美国人非常珍视的珍珠相关信息。

———. *A Roman Book on Precious Stones.* Los Angeles: Gemological Institute of America, 1950.

《罗马时代的珍稀宝石》，关于罗马时代的珍贵珍珠的有趣视角。

Bradford, E. *Four Centuries of European Jewelry*. London: Country Life,Ltd., 1967. Interesting historical insights.

《欧洲珠宝的四个世纪》，关于欧洲珠宝的历史的有趣视角。

Budge, Sir E. A. Wallis. *Amulets & Talismans.* New Hyde Park, N.Y.: University Books, 1961.

《护身符和符咒》，关于有趣的传说和神话。

Cavenago-Bignami Moneta, S. *Gemmologia*. Milan: Heopli, 1965.

《宝石学》，最广泛应用的宝石书籍作品之一，介绍珍珠的部分很出色，并拥有优秀的摄影（只有意大利语版本）。

Evans, Joan. *A History of Jewelry 1700-1870.* London: Faber and Faber,1953.

《1700-1870 珠宝历史》，特别有趣的古董珠宝收藏。

Farn, Alexander E. *Pearls: Natural, Cultured and Imitation.* Oxford: Butterworth-Heinemann Ltd., 1991.

《珍珠：天然、养殖和仿制》，非常完整、彻底的作品，可供销售员及专业人士阅读。

Kunz, G. F. *The Curious Lore of Precious Stones.* Reprint, with The Magic of Jewels and Charms, New York: Dover Publications, 1972.

《珍贵宝石的有趣传说》（由 Magic of Jewels and charms 重印），关于珍珠传说和神话的信息来源。

———. and Stevenson. *The Book of the Pearl.* 1908. Reprint, New York: Dover Publications, 1993.

《珍珠之书》，一本关于珍珠的最豪华和最全面的书，提供关于珍珠，尤其是天然珍珠非常有趣的信息（虽然有些信息已不适用于现代）。

Landman, Neil, and Rüdiger Bieler, Bennet Bronson, and Paula Mikkelsen. *Pearls: A Natural History.* New York: Harry N. Abrams, 2001.

《珍珠：一部自然史》， 一本美丽的书，结合在纽约的美国自然史博物馆和芝加哥的菲尔德自然史博物馆的“珍珠”展览而创作，这本书是为珍珠爱好者提供的盛宴。

Matlins, Antoinette L. and Bonanno, A. C. *Jewelry & Gems: The Buying Guide.* Sixth Edition. Woodstock, Vt.: GemStone Press, 2005.

《珠宝和宝石：购买指南》（第六版），一本非专业书籍，介绍珍珠的部分很出色。

———. *Engagement & Wedding Rings: The Definitive Buying Guide for People in Love.* Third Edition. Woodstock, Vt.: GemStone Press, 2003.

《承诺与婚戒：给沉浸爱河中的人的权威购买指南》（第三版），书中描述的珍珠部分很出色，特别是关于新娘装饰部分。

———. *Jewelry & Gems at Auction: The Definitive Guide to Buying & Selling at the Auction House & on Internet Auction Sites.* Woodstock, Vt.: GemStone Press, 2001.

《珠宝和宝石拍卖指南：在拍卖行和互联网拍卖网站购买及销售指南》，随着通过拍卖会购买、出售珠宝的方式逐渐变成主流，这本书告诉消费者若想参与这个“游戏”所需要知道的所有信息。也包括关于珍珠拍卖的部分。

Müller, Andy. *Cultured Pearls: The First Hundred Years.* Osaka: Golay Buchel Group, 1997.

《养殖珍珠：最初百年》，一本拥有出色照片，涵盖全世界所有品种养殖珍珠的出色书籍。适合任何热爱珍珠的人，包括专业人士和普通消费者。

Salomon, Paule & Roudnitska, Michel. *Tahiti: The Magic of the Black Pearl.* Papeete: Tahiti Perles (Papeete) & Times Editions, Singapore, 1987.

《大溪地：黑珍珠的魔力》，一次走进大溪地和黑珍珠的魔力旅程。许多照片堪称真正的艺术。

Shirai, Shohei. *Pearls and Pearl Oysters of the World.* Okinawa: Marine Planning Company, 1994.

《世界珍珠与产珠牡蛎》，提供英语和日语双语，通过照片展现出不同牡蛎和它们所生产的珍珠。是非常优秀的资源，尤其是对专业人士而言。

Strack, Elisabeth. *Pearls.* Germany: Rühle-Diebener-Verlag, 2006.

《珍珠》，一本关于珍珠相关信息的详尽科学作品，对宝石学家和任何热爱珍珠的人来说都是非常重要的资源。

Zucker, Benjamin. *Gems and Jewels—A Connoisseur's Guide.* New York: Overlook Press, 2003.

《宝石和珠宝——收藏家指南》，书中关于历史和世界“伟大”宝石，有着出色的珍珠的部分。本书中给出许多令人着迷的历史事实和神话传说，以及许多来自不同文化的珠宝艺术示例。

珍珠实用术语

当你在购买珍珠的时候，下面是一些实用词汇，帮助你更好地理解你所见，并更准确地描述什么是你想要的。

Abalone 鲍鱼——一种单壳软体动物，以其产生的色彩艳丽天然珍珠、外壳（常用作装饰）和鲍鱼肉（人们对鲍鱼肉的需求大大减少了鲍鱼的数量）而出名。

akoya——一种由日本“akoya”牡蛎所产生的珍珠，这种牡蛎又称为“马氏珠母贝”或者“合浦珠母贝”。

Ama 日本女潜水员——最早指为获得牡蛎而潜水的日本女孩，现在成了一个旅游景点。

Aragonite 文石——碳酸钙的一种形式，构成珍珠的大部分。

Baroque 巴洛克——一种有着不规则形状的珍珠。

Bivalve mollusk 双壳软体动物——一种拥有一对壳的软体动物，壳可以通过铰链的方式打开。

Biwa pearl 琵琶珍珠——一种产自日本最大的湖——琵琶湖的无核养殖珍珠。

Chocolate pearls 巧克力珍珠——一种颜色经过处理后呈巧克力色的珍珠，有些通过漂白而来，有些通过染色形成，染色的巧克力珍珠售价应低得多。

Cleanliness 净度——在珍珠表面无瑕疵（斑点、暗疮、裂缝），又被称为珍珠的“表面光洁度”或者仅仅是“光洁度”。

Coin pearls 硬币珍珠—— 一种约一枚硬币大和厚的扁平淡水珍珠。它们呈现出美丽的光泽和晕彩，并可用于制作独特的项链、手镯和耳环。美国淡水硬币珍珠是公认的品质最好，最受欢迎的，但中国硬币珍珠的价格更便宜。

Conchiolin 贝壳硬蛋白——为缓解外来物质进入软体动物软幔组织内时所带来的不适，软体动物所分泌的第一层物质。通常为浅褐色，也有可能几乎是黑色的，类似于我们的指甲，它是一种高度多孔的材料，对珍珠形成特别重要，因为它将珍珠层结合在一起形成珍珠。

Conch pearls 海螺珍珠—— 一种由巨型海螺产生的可爱、稀有、昂贵的珍珠，粉色是最理想的颜色，通常在珍珠表面会呈现出“火焰状”纹理。

Cultivated Pearls 培育珍珠——养殖珍珠的另一种说法。

Domé® pearl 穹顶珍珠——在软体动物内部，围绕着半圆形的壳核所生长的一种固体水泡珠，当珍珠移除时，周围的部分贝壳遗留下来。它有着自己独特的外形，类似于马贝珍珠，它也有着半圆形的顶部，但外观看起来更加有趣，也更耐用。

Essence d’Orient 珍珠箔——又称“珍珠精液”，是一种奎宁晶体混合物，常用于对贝壳、塑料、石头等各种材料的珠子进行包衣涂层，增加其光泽以制作仿制珍珠。

Fluorescence 荧光—— 一种通常不可见的光，但若暴露在紫外线辐射下会变得“可见”。当把珍珠放置在一个紫外线灯（这些灯提供“长波”和“短波”辐射）下时，你可以看到珍珠呈现出一种或多种其他情况下看不到的颜色。宝石或珍珠在紫外线下所呈现的颜色——正常光线下不可见的颜色，这就是“荧光”。荧光的颜色，无论它在长波和短波辐射下是否相同，都有助于识别天然和养殖珍珠。

Freshwater pearl 淡水珍珠——由淡水珍珠蚌产生的珍珠。

Galatea pearls——参见慈悲珍珠。

Grain 谷——曾用作天然珍珠的标准重量单位。4 谷等于 1 克拉。现在常用的重量单位是克拉。

Gold-lip oyster 金唇牡蛎—— 一种大型牡蛎（大珠母贝变种），常用于生产南海养殖珍珠；它能产生黄色的珍珠层，生产的珍珠颜色范围从白色到深金。

Half-drilledn 半钻孔——部分钻孔的珍珠，常用于制作戒指或耳环。比起那些用于制作项链的全部钻孔的珍珠，这些珍珠（单颗珍珠）售价更高。

Harlequin pearls 五彩珍珠——各种不同颜色的天然珍珠串联而成。

Kan 贯—— 一种日本重量计量单位；等于 1,000 毛美（momme）。

Keshi——日语，意思为“罂粟籽”。这个词最早用来指代日本养殖珍珠过程中意外产生非常小的珍珠。现在用来指在珍珠养殖过程中因为某些问题所产生的全珍珠质珍珠，它们通常是巴洛克形的珍珠。从技术上来说，它们并不是“天然”珍珠，但它们是全珍珠质且与天然珍珠几乎相同。南海吉树珠尺寸可以非常大；而日本吉树珠尺寸是非常小的。这两种类型都越来越罕见，也越来越昂贵。

Lion’s Paw Scallop pearl 狮爪扇贝珍珠—— 一种罕见的珍珠，与帘蛤珍珠一样，也是在最近才开始引起珠宝首饰界的注意。在强光下，它呈现出一种非常独特的表面光泽。它们形状各异，颜色范围从白色到深紫色都有，色调通常为橙色、粉红色和李子色。

Luster 光泽—— 一种使珍珠和其他宝石区分开来的独特、内部发出的“辉光”。它是由光线在通过构成珍珠层的微观晶体中发生折射和反射而产生的。薄涂层或仿制珍珠看上去可能也呈现出表面的光泽，但它们无法吸收和折射光线，因此它们缺乏良好光泽所具有的深度和反射特性。

Mabé pearl 马贝珍珠——由企鹅珍珠贝产生；是一种“组装”珍珠，通过填充水泡，然后贴回珍珠母而形成“珍珠”，通常是半球形的。比较易碎。

Margaritifera 珍珠蚌——淡水珍珠蚌用于生产淡水珍珠；珠母贝是一种海水产珠牡蛎，黑唇品种用于产生天然黑色南海养殖珍珠。白唇和黄唇品种也用在养殖珍珠生产中。

Mercy pearls 慈悲珍珠——天然黑色养殖珍珠经过雕刻后显露出彩色的宝石珠核。

Millimeter —— 一种测量单位，用来确定珍珠的直径和整体大小。1mm大约等于 1/25 英寸。

Momme 毛美——日本珍珠重量单位。1 毛美等于 3.75 克，或者 18.75 克拉。

Nacre——通常是白色结晶物质，由软体动物围绕外来“入侵者”分泌而来，并形成我们所知道的珍珠（随着时间的推移而不断累积）。

Nucleus 核——由人们嵌入产珠软体动物的“刺激物”，牡蛎围绕它分泌珍珠层，逐步形成珍珠。

Orient 晕彩——在珍珠表面或表面下所呈现的闪耀彩虹色，由光线在珍珠层产生的微观晶体内相互作用而形成。

Oriental pearl 东方珍珠—— 一种天然珍珠，这个词只能用于指代天然珍珠。

Pearlessence 珍珠精液——用于制作仿制珍珠时进行涂层，通常是鱼鳞质和环氧树脂鳞状混合物。

Petal pearls 花瓣珍珠—— 一种中国淡水养殖珍珠，形状像山茱萸的花瓣。珍珠大小从约 11 × 10mm 到 14 × 12mm，甚至更大。

Pinctada 珠母贝——指一种产珠类牡蛎。通常简称为“P”。

P. fucata 合浦珠母贝——又称马氏珠母贝，是一种用于生产日本和中国养殖珍珠的牡蛎。

P. margaritifera 珍珠蚌——有着黑唇、白唇或者金唇的产珠牡蛎，可以产生颜色与“唇色”相近的珍珠。黑唇品种用于在法属波利尼西亚生产大溪地珍珠以及在库克群岛生产天然黑色养殖珍珠。

P. martensii 马氏珠母贝—— 一种在日本和中国的产珠牡蛎；比大珠母贝要小一些，最大能够生产直径 10+mm 的珍珠。

P. maxima 大珠母贝—— 一种用于生产南海养殖珍珠的大型牡蛎；包括

产生澳大利亚银白色珍珠的“银唇”品种和可以生产黄色和金色的珍珠的金唇（也被称为“黄唇”）品种。

Pteria penguin 企鹅珠母贝——用于生产马贝珍珠的软体动物。

Pteria（Magnavicula）sterna 企鹅珍珠贝——一种罕见的“彩虹唇”牡蛎，只在加利福尼亚湾（Cortéz 海）出现。可以产生逼真的彩虹紫珍珠层和五颜六色的天然珍珠；现在常用于墨西哥珍珠养殖业。

Seed pearls 子珠——非常小的珍珠，重量不到 1/4 谷，直径通常小于 2mm。

Shell pearls 贝珠——方解石（非贝壳）核形成的仿制珍珠，表面用珍珠精液涂层。

图片出处注明

感谢为本书提供图片的个人和组织

t.l. & t.r.:The Royal Collection © Her Majesty Queen Elizabeth II.

Kunz and Stevenson,*The Book of the Pearl,* 1908.

Kunz. r:Cultured Pearl Information Center.

Kunz.

Mikimoto U.S.A.

Sotheby’s International.

Property of a European collector,photographed by Revesz Estate Buyers, Inc.

David A. Bernahl.

Broome Pearls Pty.,Ltd.,Australia. © US Abalone,Davenport,CA.

K. Scarratt, AIGS.

Andy Muller,Golay Buchel. r.:Yamakatsu Pearl Co.,Ltd.

Antoinette Matlins.

Yamakatsu Pearl Co.,Ltd.

Andy Muller,Golay Buchel. r:©Eve J. Alfillé,Ltd. （Photo:Russ & Mary Olsson.）

American Pearl Co.,Latendresse Family.

Henry Dunay. t.r.:Mikimoto U.S.A. b.l.:K. Scarratt, AIGS. b.r.:Yamakatsu

Pearl Co., Ltd.

Latendresse Family.

©T. Ardai.

©Patti J. Geolat. b.r.:©T. Ardai.

Sasha Samuels.

Russell Trusso Fine Jewelry,Cleveland,Ohio.

Photos courtesy of the contributors. Photo of Benjamin Zucked used courtesy of Overlook Press.

©Christie's Images LTD.,2008.

t.l. & t.r.:Assael International. b.l.:Christianne Douglas for Coleman Douglas Pearls. b.r.:Alishan.

Stuller,Inc.

Paspaley Pearling. r.:Stuller,Inc.

Photo courtesty of Alishan. t.r. Gurhan. m.l. Whitney Boin.

Sarkis Sarkiz. b.r.:Ella Gafter for Ellagem,N.Y.

创美工厂出品

出 品 人：许　永
责任编辑：许宗华
特邀编辑：代世洪
责任校对：刘延姣
版权编辑：杨　博
装帧设计：石　英
内文制作：孙诗茜
责任印制：梁建国　潘雪玲
发行总监：田峰峥

投稿信箱：cmsdbj@163.com
发　　行：北京创美汇品图书有限公司
发行热线：010-53017389　59799930

创美工厂
微信公众平台

创美工厂
官方微博